O LUGAR DO OLHAR

Do autor:

A condição urbana

Geografia e modernidade

Como organizador:

Olhares geográficos:
modos de ver e viver o espaço

Brasil: questões atuais para
a reorganização do território

Explorações geográficas

Geografia: conceitos e temas

Paulo Cesar da Costa Gomes

O LUGAR DO OLHAR
Elementos para uma geografia da visibilidade

Rio de Janeiro | 2013

Copyright © Paulo Cesar da Costa Gomes, 2013

Capa: Sérgio Campante

Imagem de capa: Michael Tupy/iStockphoto

Editoração: FA Studio

Texto revisado segundo o novo
Acordo Ortográfico da Língua Portuguesa

2013
Impresso no Brasil
Printed in Brazil

Cip-Brasil. Catalogação na fonte
Sindicato Nacional dos Editores de Livros. RJ

G616L	Gomes, Paulo Cesar da Costa
	O lugar do olhar: elementos para uma geografia da visibilidade/ Paulo Cesar da Costa Gomes. – Rio de Janeiro: Bertrand Brasil, 2013.
	320 p.: 21 cm.
	ISBN 978-85-286-1652-1
	1. Geografia urbana. 2. Geografia humana. I. Título.
	CDD: 304.2
13-0270	CDU: 911.3

Todos os direitos reservados pela:
EDITORA BERTRAND BRASIL LTDA.
Rua Argentina, 171 – 2º andar – São Cristóvão
20921-380 – Rio de Janeiro – RJ
Tel.: (0xx21) 2585-2070 – Fax: (0xx21) 2585-2087

Não é permitida a reprodução total ou parcial desta obra,
por quaisquer meios, sem a prévia autorização por escrito
da Editora.

Atendimento e venda direta ao leitor:
mdireto@record.com.br ou (0xx21) 2585-2002

INTRODUÇÃO
Visibilidade e espacialidade

Atualmente é quase trivial dizer que vivemos em uma era de imagens. Elas estão presentes abundantemente em todos os campos da vida social, grandes parcelas da comunicação e da informação são veiculadas por elas. Câmeras de gravação e variados aparelhos de reprodução se associam a diferentes equipamentos e generalizam o acesso à produção e à rápida transmissão de imagens. Sensações, momentos, experiências, lugares, pessoas, parece que qualquer coisa para existir deve necessariamente ser fixada sobre um suporte imagético. Segundo Jean Baudrillard, nos últimos anos, um fato, para ser verdadeiro, precisa antes ser apresentado como imagem, e verdadeiro não quer dizer real. A imagem não precisa de um correspondente "real", como a cópia. Ela pode ser o produto de um jogo de simulacros, de imagens que se referem umas às outras.*

Como potenciais consumidores de imagens, nosso olhar, nossa atenção e nosso interesse são solicitados permanentemente nesse desfile ininterrupto de formas, cores e significados. Há uma imensa competição dessas imagens pela captura atenta dos olhares. Não apenas dos olhares: algumas imagens deliberadamente procuram, sobretudo, atrair nossa atenção. Em um universo de múltiplas e contínuas possibilidades colocadas ao olhar, as imagens que conseguem prender nosso interesse estabelecem para si um campo de visibilidade privilegiado. Ao mesmo tempo, essas imagens, objetos centrais de nossa atenção, tornam as outras desinteressantes ou despercebidas, ou seja, paralelamente se estabelece um campo de relativa invisibilidade. Assim, existem aquelas imagens que, por conseguirem se extrair do fluxo da continuidade, se singularizam; mais do que percebidas, elas são individualizadas e recebidas com destaque.

Determinadas condições contribuem diretamente para que algumas imagens sejam mais notadas, sejam privilegiadas em detrimento de outras. Variados elementos

---

* Baudrillard, Jean. *La Guerre du Golfe n'a pas eu lieu*, Gallilé, Paris, 1991.

O LUGAR DO OLHAR

são concebidos e construídos para realçá-las. Isso significa que, nessa competição entre imagens, desenvolvem-se verdadeiras estratégias para seduzir os olhares, para chamar a atenção, para despertar o interesse. Essas estratégias procuram primeiramente atrair, mas logo depois buscam meios de fixar o foco sobre si. É preciso capturar o olhar e simultaneamente conservá-lo. Há muitas astúcias, das mais sutis às mais evidentes, para justificar, de forma convincente, a razão de se conferir e guardar aquela visão. Algumas imagens se impõem sobre outras e parecem legitimamente gozar do direito de ofuscar as demais.

Como geógrafos obsessivamente preocupados com a questão espacial, ou seja, com o possível papel que a trama das localizações pode ter na construção e manifestação de um fenômeno, nossa pergunta fundamental se dirige, também no que diz respeito à visibilidade, para esse aspecto espacial. De forma ampla, nossa indagação é sobre as possíveis relações entre imagens e posição no espaço. Queremos saber: como a disposição espacial eventualmente colabora para o fenômeno da visibilidade? Claro, não estamos nos referindo à questão da física e da ótica, embora esse aspecto seja a base necessária, aquilo que dá acesso ao tema. Estamos trazendo à luz, no entanto, muito mais a questão da percepção e da atenção diferencial que dispensamos a determinadas coisas e fenômenos expostos sobre um campo de visibilidade.* De que maneira a organização espacial desse campo intervém na percepção que temos das coisas e na atenção que dispensamos a elas?

A matéria reunida neste livro é também e antes de tudo fruto de um grande prazer, o prazer da observação. Desde o final do século XVIII, ficou claro, pela voz de Alexander von Humboldt, para todos aqueles que praticariam a geografia, que a contemplação da diversidade terrestre unia duas grandes fontes de prazer: aquela advinda da sensibilidade estética e aquela proveniente da possibilidade de compreensão dos fenômenos observados. A observação ou, para usar o vocabulário da época, a contemplação foi um atributo básico da Geografia Clássica.** Nos anos mais

---

* Alguns autores trabalharam com essa noção de campo de visibilidade, mas concederam pouca ênfase espacial à noção de campo visual. Ver, por exemplo, Brighenti, Andrea. "Visibility: A Category for the Social Sciences", *Current Sociology*, 2007, n. 55, p. 323. http://csi.sagepub.com.

** Além de Alexander von Humboldt, encontramos esse vocábulo numerosas vezes nas obras de Karl Ritter, de Élisée Reclus, de Vidal de La Blache, para citarmos apenas aqueles que estão entre os mais reconhecidos nomes dessa Geografia Clássica.

recentes, no entanto, esse procedimento foi aos poucos sendo relegado e passou mesmo a ser malvisto, como se a observação nada pudesse nos ensinar. Atualmente, a tendência mais valorizada é criar quadros teóricos cada vez mais complexos e enfeitados de muitos novos conceitos e expressões sem que isso, entretanto, mantenha qualquer correspondência necessária com um quadro de análise empírico. Por isso, as imagens perderam seu lugar como elementos de análise; no máximo, elas são tomadas como exemplos, meras ilustrações de propósitos autônomos, gerados independentemente de qualquer observação. O trabalho de campo em geografia se transformou assim em um procedimento metodológico secundário, momento de coleta de dados ou simples recurso pedagógico, demonstração de um saber que se constrói fora da observação.

Acreditamos fortemente, contudo, que a observação faz parte do processo de descoberta nas Ciências Sociais. Podemos aprender com as imagens, podemos compreender com elas. A comprovação disso habita todo o esforço do que se segue neste livro: de que forma as imagens podem ser instrumentos para pensar, ao mesmo tempo que são objetos do olhar?

Na bibliografia corrente nas Ciências Sociais, a visibilidade é tratada quase unicamente como visibilidade ou invisibilidade de certos grupos sociais. Nesses casos, o fenômeno se confunde com a noção de reconhecimento e com uma forçosa atribuição de importância ao foco do olhar, do que resulta uma superposição problemática entre duas coisas bem diversas: o ato de ver e o de conscientemente conferir valor ao que é visto.*

Nossa pergunta se dirige propriamente às condições de visibilidade segundo um ângulo da percepção, ou seja, a natureza da questão é sobre aquilo que é espontaneamente observado pelo olhar. Queremos saber como a organização do espaço participa das estratégias que oferecem ou ampliam a visibilidade de coisas, fenômenos ou pessoas. Queremos também compreender o papel das figurações desses complexos planos de posições espaciais: como as representações do espaço são elas mesmas passíveis de serem analisadas como imagens de lugares?

Não se trata de mais uma vez retornar à análise de mapas, de cartogramas ou de outros elementos gráficos, tampouco das convenções que os estruturam ou suas histórias, em busca dos sinais que orientam nossas representações do espaço. Isso em grande parte já foi

---

* Os exemplos são numerosos em várias áreas disciplinares, na sociologia, na filosofia e mesmo na geografia.

feito.* O objetivo aqui é inquirir como as categorias que classificam a espacialidade e tudo que dela participa contribuem para nossa percepção visual. Como essas categorias espaciais e sua experiência orientam nosso olhar?

Esses propósitos podem não ser muito claros assim apresentados. Pensemos, entretanto, em algumas cidades que oferecem aos turistas que as visitam documentação, folders ou pequenos guias, onde são indicadas áreas no espaço com determinados percursos estabelecidos em função do tempo de permanência do visitante. Indicam o que ver, como ver, o que significam e as razões pelas quais devem ser vistas determinadas coisas. Muitas vezes, são apresentadas fotos ao lado das indicações de como chegar àqueles locais. Áreas da cidade recebem cores diferentes e nomenclatura associada aos aspectos que estão sendo valorizados. Não apenas as cidades

---

* Há muitos autores que trabalharam com a história da cartografia. Muitos também já relataram e denunciaram o poder, o uso e abuso das imagens, cartográficas ou não, em operações de conquista e domínio. Ver, por exemplo, a esse respeito, Black, Jeremy. *Mapas e história: construindo imagens do passado*, Edusc, Bauru, 2005; e Gruzinski, Serge. *A guerra das imagens: de Cristóvão Colombo a Blade Runner (1492-2019)*, Cia. das Letras, São Paulo, 2006.

o fazem, mas também os grandes museus, os parques naturais, os grandes espaços de exposição etc.. Então, queremos pensar um pouco mais sobre esses guias do olhar, que nos indicam o que ver segundo o lugar onde estão as coisas. Queremos pensar sobre as categorias espaciais que classificam o interesse do olhar.

Duas advertências a considerar

Para continuarmos, é necessário fazer antes duas observações preliminares. A primeira diz respeito ao fato, aparentemente paradoxal, de um livro que se propõe a discutir imagens se apresentar sem nenhuma imagem impressa diretamente em seu corpo. É verdade que podemos sempre discutir qualquer coisa evocando-a simplesmente, sem que seja necessário convocá-la a se apresentar diretamente aos nossos olhos. O procedimento de falar a partir de conceitos, de generalizar as informações sem identificá-las diretamente a algo específico é amplamente praticado, sem que isso se constitua de fato em um problema. As imagens estão, no entanto, em toda parte, e muitos são aqueles que sustentam a tese de que sua abundância estaria modelando uma nova era e, por fim, acabamos de dizer que elas nos fazem compreender as coisas de outra forma. Então por que não utilizá-las quando justamente delas estamos falando?

A razão fundamental é que, apesar de as imagens fazerem cada vez mais parte do universo cotidiano e de que visualizá-las esteja entre as práticas mais comuns, o registro e a reprodução de imagens são objetos de um crescente aparato que dispõe sobre os direitos patrimoniais, sobre a proteção à exposição daqueles ou daquilo que fazem parte dessas imagens, sobre as condições de acesso e de veiculação, entre muitas outras coisas. Assim, somos bombardeados por milhares de imagens, vemos se multiplicarem os tipos de suportes e veículos e as formas de registro, mas, concomitantemente, também assistimos a uma progressiva corrida para regular e, por isso, restringir seus usos. O paradoxo é sensível na maneira mesmo como as pessoas se relacionam com os aparelhos de registro, e suas reações são muito diversas. Uma câmera atrai, mas pode ser também percebida como uma agressão. Há pessoas que procuram o olhar das câmeras, outras as ignoram, ou pelo menos fingem fazê-lo, outras reagem com violência à possível exposição. Há pessoas que se mostram simpáticas à troca com as câmeras, outras são refratárias e agressivas.

O mundo das imagens se constrói assim de forma bastante complexa. Por isso, preferimos aqui trabalhar, sempre que possível, com imagens que estejam disponíveis no domínio público. Isso significou optar por comentar imagens clássicas e facilmente acessíveis, conhecidas e comuns. Para contornar também os direitos patrimoniais, preferimos apenas indicar os endereços eletrônicos em que é possível acessá-las mais diretamente. Essa escolha foi também ditada pelas limitações técnicas e econômicas impostas à apresentação das imagens nas publicações. Nos livros em que figuram imagens, elas são, em geral, condenadas a aparecer em apenas um caderno, e o papel próprio à reprodução, que é muito dispendioso, concentra a apresentação reunida de todas elas. Essa é a forma mais racional de colocá-las. As imagens, no entanto, estão longe da parte do texto que as comenta, ficam descontextualizadas. Outras vezes, para não restringir o lugar da apresentação das imagens, os editores decidem colocá-las junto aos comentários dos textos, mas os livros assim se tornam demasiadamente caros. Há ainda o caso de imagens que são apresentadas com baixa qualidade e mal reproduzidas, perdem-se detalhes, as cores, e dessa forma perdem-se as propriedades que as tornam formas tão especiais de comunicação.

O LUGAR DO OLHAR

Aqui oferecemos uma dupla possibilidade ao leitor. A primeira e mais simples é acessar os sites indicados no texto em que se encontram as imagens.* O leitor poderá assim estabelecer a escala da observação e de detalhe que lhe é necessária. Outro meio é acessar o endereço http://territorioecidadania.com, site no qual estão reunidas as indicações de todas as imagens e seus hipertextos, podendo o leitor carregar para seu próprio computador o conjunto das imagens citadas aqui.

A segunda observação necessária é que este livro foi escrito por um geógrafo. Muitos outros especialistas escreveram sobre imagens. Há uma enorme bibliografia sobre o tema, com variadas abordagens que contemplam assuntos diversos dentro desse mesmo tema – história e sociologia da arte, estética, semiologia etc.. Não era nosso desejo escrever mais um texto seguindo essas abordagens já plenamente estabelecidas na bibliografia tradicional sobre o assunto. Faltam-nos competência e legitimidade para pretender acrescentar algum conteúdo mais significativo a esse tema se forem mantidas essas "entradas" já tão consagradas.

---

* Para todas as imagens citadas, há a indicação do acervo no qual elas se situam e do endereço eletrônico em que podem ser visualizadas. Para a indicação dos endereços eletrônicos, utilizamos um expediente que os encurta, facilitando, assim, seu acesso.

A pergunta que nos guiou foi a de saber se haveria alguma possibilidade de constituir uma nova abordagem a partir de um ponto de vista geográfico. Quando apresentamos assim a questão, se evidencia imediatamente o fato de que abordagens são também formas de olhar – então podemos dizer que a pergunta fundamental que nos guiou foi saber a especificidade do olhar geográfico quando o tema é justamente o da visibilidade dos fenômenos. Quando procuramos essa especificidade do ponto de vista geográfico fica também claro para todos que estamos querendo observar o papel da espacialidade.

Dito isso, é preciso concordar que esse é um procedimento propriamente epistemológico, ou seja, não estamos querendo apenas acrescentar conteúdo a um tema, estamos nos perguntando sobre as possibilidades de descobrir novas questões a partir de um "outro olhar". Em outras palavras, o objetivo aqui é criar condições para gerar uma "outra visibilidade" do fenômeno. Esse procedimento epistemológico é o que nos permite revisitar domínios já consagrados de um conteúdo sobre o qual estamos nos propondo a trazer outra forma de conceber e de construir questões. Que não nos seja por isso cobrado um conhecimento exaustivo desses domínios tradicionais já tão examinados e que o nosso trabalho

• O LUGAR DO OLHAR •

seja julgado tão somente pela capacidade de ter contribuído para o aparecimento dessas novas questões, que
colocam como centro de interesse a espacialidade.

Falta-nos ainda deixar mais claro o que significa essa
"espacialidade" e que potencial ela teria para gerar um
campo de análise autônomo e relevante. Passemos então
a essa argumentação.

Uma questão de posição: ponto de vista, composição e exposição

A ideia de espacialidade aqui está sendo empregada no
sentido de uma trama locacional associada a um plano,
uma superfície ou volume. Espacialidade é o conjunto
formado pela disposição física sobre esse plano de tudo
que ele contém. Corresponde, assim, ao resultado de um
jogo de posições relativas de coisas e/ou fenômenos que
se situam, ao mesmo tempo, sobre esse mesmo espaço.

Três expressões nos interessam particularmente nessa
discussão. Elas fazem parte tanto do nosso vocabulário
cotidiano mais comum quanto daquele que é frequentemente utilizado nos discursos sobre as artes. Trata-se
das seguintes expressões: *ponto de vista*; *composição*; *exposição*. Nossa argumentação encontra sentido na tentativa
de demonstrar que essas três noções, tão banais, mas

• 17 •

também tão essenciais aos fenômenos que tratam da visibilidade, têm um fundador constituinte posicional. Como muito bem estabeleceu o psicólogo behaviorista estudioso das artes, Rudolf Arnheim:

> Ver algo implica determinar-lhe um lugar no todo; uma localização no espaço, uma posição na escala de tamanho, de claridade ou distância.*

Em outros termos, essas expressões, ponto de vista, composição e exposição, são constituídas originariamente por meio de uma dimensão espacial. Elas são expressões desse jogo de posições já referido e que denominamos de espacialidade. A consequência mais grave de as utilizarmos sem que essa dimensão apareça com clareza é perdermos de vista o fenômeno original que gerou o próprio vocábulo, ou seja, perdemos de vista (se é possível utilizar essa palavra) aquilo que constitui a raiz da expressão, aquilo para que a expressão foi criada.

Comumente, utilizamos a expressão *ponto de vista* como sinônimo de opinião, como uma maneira de considerar

---

* Arnheim, R.. *Arte e percepção visual*, Pioneira, São Paulo, 1984, p. 4. Apud Lacerda, T.. *A interpretação da imagem: subsídios para o ensino de arte*, Mauad/Faperj, Rio de Janeiro, 2011.

as coisas. É nesse sentido metafórico que a expressão é mais frequentemente utilizada. De fato, também a utilizamos, embora menos rotineiramente, em um sentido mais concreto para designar lugares que oferecem uma visão panorâmica, de onde se pode observar uma paisagem, por exemplo.

Consideremos, no entanto, que a palavra *ponto* nesse caso indica um lugar determinado, seja ele concreto ou metafórico. Isso quer dizer que, ocupando aquele ponto, ou seja, naquela posição, podemos ver algo que não veríamos se estivéssemos situados em outra posição qualquer. A expressão estabelece, portanto, uma relação direta entre o observador e aquilo que está sendo observado. Essa relação se estabelece por um jogo de posições, é a situação espacial que permite ao observador ver algo que de outro lugar não seria visível para ele da mesma forma. O ponto de vista é um dispositivo espacial (posicional) que nos consente ver certas coisas.

A implicação mais direta disso é que coisas diferentes aparecem quando mudamos as posições relativas entre o observador e o observado. Isso não quer dizer que estejamos condenados a cair no relativismo absoluto, nem mesmo o estamos defendendo. A consideração do ponto de vista como um elemento relativo à posição no espaço tem, todavia uma importantíssima decorrência direta que é a compreensão daquilo que "vemos" como uma contingência das posições. Por isso, um ponto de vista sempre deve ser contextualizado em relação ao campo onde estão estabelecidas as posições que o definem. O ponto de vista é a posição que nos permite ver certas coisas. O exame da espacialidade, onde estão situados o "olhar" e o "olhado", nos abre todo um campo inédito de análise. Empregar a expressão ponto de vista com um sentido metafórico de concepção quer dizer que, tal qual quando olhamos uma paisagem, escolhemos a posição do nosso olhar e, a partir dessa posição, serão determinados o ângulo, a direção, a distância, entre outros atributos que são posicionais.

No caso do ponto de vista concreto, esses atributos são geométricos, mas podem facilmente ser compreendidos também de forma metafórica quando a expressão está sendo empregada nesse sentido. Isso nos ajuda a perceber que, ao assumirmos uma posição, estamos sempre privilegiando um campo de observação, tornando, por conseguinte, outras parcelas desse campo periféricas e sempre "dando as costas" para outra imensa parcela. Uma concepção dada de um fenômeno também procede da mesma forma. Seja metaforicamente, seja concretamente, a ideia de ponto de vista é a de um privilégio do olhar sobre algo. Esse algo, no entanto, é parte de um conjunto maior, e a consciência dessa espacialidade, na qual se constroem os pontos de vistas, é fundamental para a compreensão da relação entre aquilo que é visto e daquilo que não está sendo contemplado. A análise de um fenômeno pode assim ser feita com a consideração de seus limites e, portanto, com muito mais propriedade tendo isso em mente.

A segunda expressão, *composição*, é comumente utilizada para designar um conjunto estruturado de formas, cores ou coisas. Nós a entendemos, assim, como o resultado de uma combinação que produz algo novo, formado pela junção estruturada de diversos elementos. Nas artes, fala-se em composição para uma peça ou para uma forma de representação capaz de produzir um resultado original. Diz-se assim, por exemplo, de uma imagem (fotografia, pintura etc.) que ela possui uma composição, ou seja, as diversas coisas figuradas têm uma estrutura que as associa dentro de um mesmo enquadramento. A paisagem é também, nesse mesmo sentido, sempre uma composição. Formas de relevo, diferentes tipos de cobertura vegetal, ocupação das terras, entre muitos outros elementos, se associam de maneira original e configuram uma paisagem.

Queremos chamar a atenção para um aspecto habitualmente negligenciado quando pensamos em composição, mas que faz parte mesmo da etimologia da palavra. Dissemos que se trata de um conjunto e que esse conjunto tem uma estrutura, mas omitimos que nessa estrutura há um aspecto essencial, o jogo de posições. A forma de dispersão desses dados que, integrados, dão origem a um novo elemento corresponde à sua espacialidade. Essa espacialidade, ou esse "padrão de dispersão", é a marca de uma composição. Há uma ordem espacial que é a chave da composição. Onde figura cada elemento nessa composição? Essa é uma pergunta essencial. Uma paisagem é constituída de inúmeros aspectos, mas como eles estão combinados, em que proporção, distância e situação? Isso significa que composição é um jogo de posições relativas, de coisas que estão dispersas sobre um mesmo plano. A ordem espacial dessa dispersão é um constituinte. Essa é, aliás, a raiz etimológica da palavra. Assim, analisar uma composição é compreender sua espacialidade, o lugar dos elementos nesse conjunto.

Finalmente, a terceira expressão que nos interessa aqui é *exposição*. Essa expressão é também definida pela situação espacial. Como a própria designação indica, trata-se de uma posição de exterioridade e isso tem implicações fundamentais. A primeira delas é que passamos a compreender as coisas segundo uma

• O LUGAR DO OLHAR •

classificação que institui o que deve ser exibido e o que deve ser escondido. Dito de outra maneira: há uma delimitação que estabelece o que deve ser visto e o que não deve e isso é o resultado de uma classificação relacionada ao espaço, é uma questão de posição. Lugares de exposição são lugares de grande e legítima visibilidade. O que ali se coloca tem um comprometimento fundamental com a ideia de que deve ser visto, olhado, observado, apreciado, julgado. Isso também significa dizer que socialmente estabelecemos lugares onde essa visibilidade deve ser praticada, segundo complexas escalas de valores e significações. Foi essa simples constatação a responsável direta pela segunda parte deste livro, "No olho da rua". É fácil perceber que, nas sociedades urbanas e democráticas, um lugar privilegiado de exposição são os espaços públicos. O atributo da visibilidade é, portanto, central na vida social moderna e se ativa e se exerce pela existência dos diferentes espaços públicos. Dessa maneira, as dinâmicas que afetam a visibilidade, aquilo que se exibe, o público que observa, tudo isso deve ser reunido na compreensão da vida social. Essa constatação já poderia ser uma justificativa suficiente para a afirmação da relevância do olhar geográfico. Nosso desafio é demonstrar que há muito mais do que isso.

O plano do livro é, por isso, muito simples. Na primeira parte, desenvolvemos o raciocínio que trata as condições mais gerais da visibilidade – aquelas que dizem respeito ao espaço. Aí o elemento central é a imagem. Se pudéssemos simplificar ao máximo, diríamos que o interesse que guia todo esse esforço inicial é mostrar como na formação da imagem e na comunicação de seus significados o espaço age como um componente essencial. Sua análise é, portanto, básica para a compreensão do fenômeno da visibilidade. Na segunda parte, passamos da imagem à cena, ou seja, tratamos não mais de uma exposição fixa, assentada sobre um suporte, mas sim de uma sucessão contínua de imagens que compõem narrativas ou, pelo menos, fragmentos narrativos. A cena é viva, se transforma, se movimenta e evolui sob o olhar do observador. Nosso melhor terreno de apreensão desse fenômeno é logicamente o espaço urbano e o campo privilegiado da observação são os espaços públicos, onde cenas muito diversas se apresentam, se mesclam, se confundem, se fracionam, se configuram e se desfazem.

Ainda que esse seja o plano geral de organização do conteúdo deste livro, evidentemente a cidade está sempre presente nos exemplos que utilizamos para apresentar a discussão sobre as imagens na primeira parte,

O LUGAR DO OLHAR

já que muitas preocupações centrais sobre a visibilidade são solidárias da própria organização do espaço urbano. Igualmente, as imagens não desaparecem completamente na segunda parte, mesmo porque elas são as unidades mínimas de uma cena e é sempre delas que partimos.

Além disso, cada pequeno capítulo deste livro goza também de certa autonomia, muito embora no plano global eles tenham sido colocados de forma a construir um fluxo que passa da imagem à cena, do que é fixo ao movimento, da plateia passiva ao observador partícipe, da imagem intencional à polissemia das cenas urbanas, em suma, de uma análise mais delimitada a um universo interpretativo mais complexo.

Se nossas intenções ainda permanecem obscuras, pedimos paciência e contamos com a atenção dos leitores para que se deixem guiar pelos diferentes temas analisados que são propostos neste texto, seguindo as classificações dessa exposição que orienta e discute alguns elementos em exibição.

EXPOSIÇÃO DE MOTIVOS
Visita guiada

Já deve ter ficado claro pela leitura da introdução o que aqui pretendemos dizer quando nos referimos às imagens. Elas estão sendo consideradas exclusivamente como representações visuais, assentadas sobre diferentes suportes, contando com forma e conteúdo, de objetos, de pessoas, de sítios e dos seus correlatos significados. Interessa-nos tudo aquilo que possa relacionar essas imagens aos lugares, ou seja, a posições relativas a um espaço de referência. Esses espaços de referência podem ser tanto aqueles em que essas imagens são apreciadas, aqueles espaços nos quais elas são produzidas, quanto os espaços em que elas figuram. Em grande parte dos casos examinados então nesse percurso, esses três estados do espaço: lugares de exposição de imagens, sítios que são apreciados como composições e a representação de lugares em diferentes suportes, agem simultaneamente em nossa interação com as imagens. São, por isso, situações que nos interpelam a refletir diretamente sobre o papel da espacialidade, ou melhor, nos indagam sobre como o espaço pode ser um instrumento que faz ver, que torna visível.

Representações visuais dependem de um campo de expressão, campo visual, que estamos chamando aqui de visibilidade. Dito isso, talvez fique mais compreensível a natureza das questões anteriormente expostas. Como já foi dito, elas se articulam em torno da aspiração de saber como as condições espaciais participam do fenômeno da visibilidade social e culturalmente construída.

Para tornar essa discussão mais clara e objetiva, vejamos, em um exemplo muito simples, o possível exercício de interpretação "geográfica" e os elementos que se impõem primeiramente nessa análise.

A visibilidade daquilo que se esconde: os óculos escuros

Alguém durante um velório utiliza óculos escuros, escondendo seus olhos. Para quê? Que efeitos isso pode ter? Que leituras podem ser feitas desse objeto usado

O LUGAR DO OLHAR

nestas circunstâncias e naquele lugar? O que está fundamentalmente em jogo nessas ocasiões é o fato de que esse objeto torna "visível" aquilo que ele pretensamente deseja esconder. Nesse caso, ele pretende esconder a explícita emoção das lágrimas. Entretanto, ele pode também estar escondendo a ausência dessa emoção, pela falta delas. Nos dois casos, a presença dos óculos chama a atenção pela substituição que pretende operar.* A visibilidade dos óculos substitui a dos olhos ao deixá-los invisíveis aos observadores. Esse objeto, no contexto desse exemplo do velório, também confere especial "visibilidade" aos que o portam, uma vez que esses objetos identificam os personagens mais centrais, separando-os dos outros, os secundários. Afinal, as pessoas que utilizam óculos escuros em tais ocasiões estão demonstrando, de alguma forma, o quanto eles se associam intensamente à celebração daquela perda. Essas pessoas são centrais ao enredo ou pelo menos assim querem parecer, esse é o papel desejado dentro dessa trama.

---

* Como disse Debray, a fixação em imagens opera sempre uma substituição e denota uma ausência. Debray, Régis. *Vie et mort de l'image*, Folio Essais, Gallimard, Paris, 1992.

Normalmente, óculos escuros são também usados para a proteção solar, contra uma forte luminosidade. Eles são, assim, comumente vistos em ambientes de muita luz ou de grande exposição ao sol. Quando são usados fora dessas condições, e desses lugares, eles ganham novas significações, chamam a atenção, tornam "visível" alguma outra coisa que, como mostra esse exemplo, é aquilo mesmo que ele pretende ou procura esconder, seja a sincera emoção ou sua falta. O contexto e o lugar em que os óculos escuros são usados são elementos centrais para fundamentarmos um entendimento. Se eles são usados na praia ou em um dia de sol, passarão despercebidos, dissolvidos na funcionalidade básica do seu uso; se são usados em um velório, poderão despertar curiosidade e dúvida. O lugar físico e o enredo dentro dos quais um objeto é exibido são elementos estruturantes para sua compreensão.

Foi isso que tentamos demonstrar através do conceito de *cenário*.* Uma estória é constituída também pela

---

* Ver, a esse respeito, Gomes, P. C. C.. "A paisagem urbana como cenário de uma cultura: algumas observações a propósito do Canadá", In: *Espaço e Cultura*, n. 3, pp. 7-15, Uerj, Nepec, Rio de Janeiro, 1996; Gomes, P. C. C.. Cenários da vida urbana: imagens, espaços e representações", In: *Cidades*, n. 5, pp. 9-16, Presidente Prudente, 2008; Gomes, P. C. C.. "Cenários para

• O LUGAR DO OLHAR •

maneira como se organizam pessoas, coisas, comporta-mentos em um espaço. Os lugares onde essa estória se passa e onde as coisas e os comportamentos ocorrem são elementos que, juntos, sempre produzem novos sentidos. As imagens das coisas não estão jamais separadas dos "lugares" onde elas são exibidas. Por isso, há, sem dúvida, uma geografia que participa diretamente da produção de significações que nos veiculam as imagens. É todo esse imenso campo de estudo que cabe aos geógrafos que trabalham, direta ou indiretamente, com imagens desbravar e investigar.

Imagens sempre operam simultaneamente mostrando e escondendo coisas. Há, irremediavelmente, uma desigual atitude face ao fenômeno visual. Vemos somente aquilo que retiramos do fluxo contínuo do olhar. O ato físico do olhar é pouco criterioso e se nutre de um homogêneo e generalizado desinteresse. O olhar percorre e não se fixa. Por isso, ver algo significa extraí-lo dessa homogeneidade indistinta do olhar, significa conferir atenção,

---

a geografia: sobre a espacialidade das imagens e suas significações", In: Rosendhal, Z. e Correa, R. L. (org.). *Espaço e cultura: pluralidade temática*, EdUerj, Rio de Janeiro, 2008; Gomes, P. C. C.. "Trois images, trois scénarios, un lieu: Des Français à Rio de Janeiro", In: Guicharnaud-Trollis, M. (org.). *Regards croisés entre la France et le Brésil*, L'Harmattan, Paris, 2008.

tratar esse algo como especial. A diferença entre olhar e ver consiste, portanto, no fato de que o olhar dirige o foco e os ângulos de visão, constrói um campo visual; ver significa conferir atenção, notar, perceber, individualizar coisas dentro desse grande campo visual construído pelo olhar.

Dessa forma, a visibilidade, como foi dito, é sempre desigual, e a atenção é capturada por algo que desperta o interesse. Esse interesse é a contrapartida para o desinteresse sobre as outras coisas potencialmente "visíveis", mas que, naquelas circunstâncias, segundo aquele ponto de vista, não são vistas. O olhar pode ser amplo e geral, mas a visibilidade é sempre dirigida e parcial. Assim, a crítica tão comum a tudo aquilo que determinados observadores deixam de ver em um fenômeno é completamente tautológica. A visibilidade é irremediavelmente não totalizadora.

Em compensação, ela pode ser analisada minuciosamente em relação às razões que nos levam a ver e a não ver. Ela traz à tona claramente o questionamento sobre os dispositivos que são acionados e por que o são, para tornar determinadas coisas visíveis. Isso corresponde a dizer que existem elementos que, em determinadas circunstâncias, nos fazem ver coisas. Os óculos escuros em um velório são um acanhado exemplo disso.

• O LUGAR DO OLHAR •

O que foi chamado de "determinadas circunstâncias" pode ser ainda um pouco mais bem-explorado e corretamente estabelecido. Essas circunstâncias são as situações espaço-temporais, ou seja, um evento que ocorre em um lugar e em um momento. As condições particulares desse lugar e desse momento impõem um feixe de significações especiais ao evento.

Se concordarmos com o que foi dito anteriormente, podemos prosseguir então e assegurar que a visibilidade é um fenômeno que está estreitamente relacionado à posição daquilo que é visto no espaço. Se isso tampouco for contestado, podemos continuar e, logicamente, afirmar que a visibilidade é um fenômeno com uma incontornável geograficidade. Em outras palavras, a posição é algo que se estabelece, primeiramente, pela situação de pertencer a um mesmo plano e, em segundo, por esse plano definir relações entre coisas ou estados muito diversos (grande, pequeno, longe perto, primeiro, segundo, terceiro etc.).

Notemos que a ideia de posição é sempre dependente de um sistema de referência. Quando essa posição é um lugar, o sistema de referência é espacial, ou seja, composto por todas as relações entre as coisas, pessoas, fenômenos, situados em posições georreferenciadas (para usar uma palavra muito empregada atualmente em sistemas de informação geográfica). Essas posições e os fluxos que circulam entre elas são portadores de sentido e atributos. A análise possível nesse caso é uma análise geográfica, ou seja, um julgamento do papel daquelas posições no espaço para a compreensão dos fenômenos.

Em relação ao fenômeno da visibilidade, se estabelecemos a existência de uma condição espacial que intervém diretamente nesse fenômeno, então não é mais cabível duvidar da relevância e do alcance de uma análise que leve em consideração a trama das posições espaciais. Essa trama locacional é, consequentemente, matéria fundamental para a compreensão daquilo que é visível e para a compreensão das formas sob as quais algo se faz visível, ou inversamente, daquilo que é invisível e as formas pelas quais se produz essa invisibilidade.

Há ainda um último ponto em relação ao exemplo trazido. Dissemos que a visibilidade é construída pela distribuição desigual do interesse por aquilo que é olhado, disso derivando que o visível é sempre correlativo ao seu inverso, o invisível. Merleau-Ponty sugere que essa estrutura dualista do pensamento, tão elementar em nossos sistemas de compreensão, pode ser concebida

• O LUGAR DO OLHAR •

não como uma estrutura de posições fixas, inversas e contrárias, mas sim como situações de contínua reversibilidade.* Ao tocar algo, somos também por ele tocados, vemos algo, mas simultaneamente podemos também ser vistos enquanto o vemos. Essa reversibilidade nos transforma sempre em sujeitos/objetos na vida.

Os óculos escuros conferem especial visibilidade às pessoas em um velório, mas, simultaneamente, elas também estão em uma situação de observadores privilegiados, na medida em que poderão "ver" sem que necessariamente a atenção dispensada por eles a certos pontos seja percebida. Nesse caso, os óculos concentram a atenção, mas aquele que os porta dispõe de condições para dirigir sua atenção sem que ela mesma seja o foco de uma observação direta. Como se pode constatar, é um complicado jogo trazido por um objeto tão simples.

---

* Merleau-Ponty, Maurice. "Phénomenologie de la perception" (1945); e o manuscrito inacabado "Visible et invisible" (1964), In: *OEuvres*, Gallimard, Paris, 2008.

O que torna uma coisa visível sob um ponto de vista geográfico?

A resposta a essa pergunta, segundo o que acabamos de estabelecer, só pode ser uma: a posição. Queremos dizer que a espacialidade é uma condição fundamental ao fenômeno da visibilidade. Em outras palavras, a posição das coisas, dos objetos, das pessoas dentro daquilo que chamamos de trama locacional, ou seja, suas posições relativas segundo um sistema de referências espaciais consistem em um elemento central, embora poucas vezes valorizado, no exame do fenômeno da visibilidade.

A variação da posição espacial de um objeto, pessoa ou fenômeno altera completamente nossa percepção, nossa apreciação e nosso provável interesse sobre eles. A posição não é, entretanto, absoluta. Lugares dizem respeito, como vimos, a um sistema de referência espacial, então a natureza (o tipo de coisa) do que ali se apresenta, ou se mostra, intervém diretamente na construção de sentidos.

O raciocínio pode parecer complexo, mas é bastante simples: os lugares, como pontos dentro de um sistema de referência, só passam a produzir sentido a partir do momento em que são ocupados por alguma coisa.

• O LUGAR DO OLHAR •

A natureza, o conteúdo, a forma como ela se apresenta se combinam com o lugar onde ela aparece, com a posição que ocupa, e juntos, o lugar e o que nele se apresenta, produzem sentido. Justamente por isso, uma análise espacial é necessária e rica, uma vez que mostra a dependência da produção de sentido relativamente ao universo posicional dentro do qual os objetos, as pessoas e os fenômenos se inscrevem.

Se a justificativa da importância dessa análise é simples de ser formulada, embora à primeira vista possa ter uma aparência complexa, ocorre exatamente o inverso com a análise propriamente dita. Ela parece simples, até mesmo óbvia, mas ao ser desenvolvida se percebe que ela abarca um universo de condições bastante intrincado. Vejamos alguns desses elementos mais gerais para começar.

A visibilidade, sua magnitude e seu alcance dependerão, segundo o ponto de vista defendido aqui, de três principais elementos. Primeiramente, dependerão, como foi dito, das leituras do sentido que emergem da associação entre o lugar e o evento, ou ainda, da significação que nasce da posição dentro de um contexto espacial no qual se inscreve o fenômeno. Em seguida, dependerão também da possibilidade da morfologia do espaço físico onde se mostra e que deve ser capaz de garantir uma convergência dos olhares e a desejada captura da atenção. Finalmente, o terceiro elemento é que esse lugar deve garantir a presença de observadores sensíveis aos novos sentidos nascidos da associação entre o lugar e o evento que se apresenta. Em termos mais simples, deve haver olhares concentrados em uma área, passíveis de serem atraídos para aquele ângulo ou ponto de vista – um público.

Em síntese, a visibilidade, da forma como está sendo abordada aqui, depende da morfologia do sítio onde ocorre, da existência de um público e da produção de uma narrativa dentro da qual aquela coisa, pessoa ou fenômeno encontra sentido e merece destaque.

Esses três elementos podem ser reunidos e discutidos como condições gerais da visibilidade espacial. Associados dessa forma, esses três elementos compõem uma ação que é bastante conhecida por todos nós: a exposição.

O lugar de exposição: espaço da visibilidade

A palavra "exposição" tem uma riqueza etimológica particular para o tipo de argumentação sustentado aqui.

Como vimos antes, exposição quer dizer, antes de tudo, colocar em uma posição de exterioridade, de apresentação ao olhar. Usamos essa palavra também para designar, por exemplo, a maneira pela qual a luz incide em um lugar ou sobre um objeto, colocando-os em evidência ou tirando-os da sombra, da invisibilidade. Essa acepção de "exposição" inclui todos os matizes que as ideias de luz e de luminosidade têm, inclusive aquele que serviu para designar o período histórico de nascimento da esfera pública na Europa – o Iluminismo.

Simultaneamente, no entanto, a mesma palavra pode ter o sentido de narrar, explicar, declarar ou manifestar. Diz-se, dessa forma, "fazer uma exposição" para uma apresentação voltada para uma audiência, seja em um colóquio, uma aula, uma sessão solene etc.. Assim também se passa com o verbo "expor", que significa apresentar à vista, colocar em evidência, mostrar, mas correlatamente significa analisar. O sinônimo de expor, "exibir", demonstra também que essa apresentação se faz para um público e, por isso, há um entendimento possível para a palavra expor como a ideia de sujeitar-se à ação de outros, de correr riscos. Afinal, aquilo que está exposto se encontra à vista dos outros e, se for visto, será passível de análise, de julgamento. A palavra exposição contém, pois, todos os três elementos que foram identificados antes como componentes fundamentais da visibilidade: a inserção em uma narrativa, a posição morfológica de exterioridade e a apresentação ao público.

A exposição, ou a ação de expor, é a procura por uma posição de absoluta ou de explícita visibilidade. Em outros termos, colocar em exposição é estar ciente de que há uma configuração espacial através da qual tornamos algo visível, mostramos, exibimos. Seguindo esse raciocínio, podemos dizer que há lugares que têm vocação para ser lugares de exposição, ou são instituídos como lugares de visibilidade. Há uma geografia própria ao fenômeno da visibilidade na maneira como socialmente escolhemos lugares para mostrar ou esconder coisas, valores e comportamentos, na maneira como são mostrados e nas circunstâncias dessa exposição. Eles são exibidos em diferentes lugares e de diferentes formas, e, a partir dessa imensa variedade, criam-se leituras, interpretações, narrativas.

Além dessa escolha dos lugares, que obviamente é solidária da seleção dos valores associados a essas localizações, há sempre uma ordem que é seguida na exposição, ordem espacial e temporal, ou seja, o que vem antes e o que vem depois, no tempo e no espaço. Da sucessão, da ordem assim construída, também surgem sentidos. A exposição é um desfile. O desfile é uma narração. A ordem espacial e temporal são os elementos estruturantes da narrativa.

O LUGAR DO OLHAR

As cortinas se abrem: todos os olhares se voltam para barracas vermelhas alinhadas ao longo de um canal

Em uma manhã de inverno no ano de 2006, em Paris, apareceram, cuidadosamente alinhadas ao longo de grande parte das margens do Canal Saint-Martin, pequenas barracas vermelhas em um grande número e densamente distribuídas.* O desenvolvimento desse episódio contém diversos elementos que podem nos ajudar a compreender melhor como a mudança de certas condições é capaz de tornar determinadas coisas mais visíveis, tirá-las das zonas de sombra do olhar, despertar e manter o interesse voltado para elas, ou seja, vê-las. Em outras palavras, nesse rápido exemplo aparece de forma contundente como a visibilidade de um fato ou fenômeno muda segundo as propriedades de sua exposição, segundo a ordem de sua apresentação. De fato, muda-se a narrativa pela qual eles são apresentados.

As barracas vermelhas que ocupavam as margens do Canal Saint-Martin compunham um acampamento

---

* Esse estudo foi mais minuciosamente apresentado em um artigo: Gomes, P. C. C. e Fort-Jacques, Théo. "Spatialité et portée politique d'une mise en scène: Le Cas des tentes rouges au long du Canal Saint-Martin", *Géographie et Cultures*, Paris, 2010, v. 1, pp. 7-22.

de moradores de rua ou sem domicílio fixo (SDF), como são conhecidas essas pessoas na França. Pela iniciativa de uma ONG denominada Les Enfants de Dom Quichote [Crianças de Dom Quixote] foi planejada uma ocupação das magens do canal, que consistiu basicamente na atribuição de pequenas barracas vermelhas a esses moradores de rua, com algumas provisões e a organização de alguns serviços (médicos, sanitários, de abastecimento etc.).

Imediatamente, essa ocupação começou a chamar a atenção e em pouco tempo se transformou em um grande evento. Pessoas começaram a ir até o local para ver a ocupação, os jornais publicavam quase diariamente, grandes matérias dedicadas ao fato, emissoras de televisão organizaram programas especiais e séries de debates. Todos os dias, nos telejornais, a "ocupação do Canal Saint-Martin" era uma das principais manchetes. Rapidamente também, um grande número de artistas ou de pessoas públicas começou a se apresentar no local, fazendo declarações de simpatia ao movimento e demandando medidas por parte do Estado para resolver o problema. Quando esses personagens não apareciam fisicamente na área de ocupação do Canal Saint-Martin, pelo menos, procuravam os meios de comunicação para mostrar sua solidariedade em relação a esses moradores

O LUGAR DO OLHAR

agora abrigados em barracas. Para alguém que não conhecesse a sociedade francesa, poderia parecer que se tratava de um fenômeno completamente inédito e desconhecido até então, tal era a indignação das pessoas e das manifestações. Nada nesse comportamento poderia indicar que a presença dessa população sem domicílio fixo era um elemento habitual nas ruas de Paris havia muito tempo.

Mais interessante ainda foi perceber que quase todos os principais partidos políticos do país se fizeram presentes nesse evento. Muitos de seus representantes procuraram participar diretamente dos debates e faziam inflamados discursos, se indignavam contra os responsáveis políticos, lembravam outros combates similares e prometiam agir junto às esferas de decisão para resolver a situação daquelas pessoas. O partido político no poder, por mais estranho que possa parecer, também se mostrava indignado e se juntou ao clamor social se comprometendo a apresentar novos projetos no Congresso para reverter o quadro de desamparo dessa população.

Os franceses, conhecidos pelo apego que têm pelo debate contraditório, nessa situação se mostravam completamente consensuais. Afinal, quem poderia ser contrário à intervenção imediata para resolver os problemas dessa população sem domicílio fixo? Sob que argumentos seria possível negar a gravidade do problema e a urgência em resolvê-lo?

Na forma como se apresentava o problema da população sem domicílio fixo nessa ocupação, a única reação possível e aceitável era a solidariedade. Um consenso compassional tomou conta de todos. A visibilidade do problema foi muito bem alcançada, a forma narrativa pela qual essa visibilidade foi construída também parece ter sido resultado de uma ação muito bem-planejada.

A ocupação do Canal Saint-Martin foi principalmente orquestrada e dirigida por dois irmãos com uma grande experiência em teatro e em cinema. Alguns detalhes relativos à imagem não podem, por isso, ser negligenciados na análise do sucesso dessa empreitada, eles parecem ter sido pensados com muito cuidado pelos organizadores. O primeiro foi a semelhança física e contextual buscada voluntariamente com um grande personagem da história francesa recente, o Abade (Abbé) Pierre. Nos anos posteriores à Segunda Guerra Mundial, esse religioso conseguiu sensibilizar e mobilizar toda a França em uma campanha em prol dos carentes e desabrigados durante o inverno de 1954, que foi particularmente frio, no qual houve inclusive mortos. A similaridade entre a ocupação do Canal Saint-Martin e o movimento de 1954 não foi, portanto, fortuita.

O Abade Pierre, fundador da organização Emmaüs, goza até hoje de uma imagem muito forte, associada à solidariedade e à ação humanitária. Três aspectos na biografia desse personagem são importantes. O primeiro foi sua relação sempre muito próxima com os meios de comunicação modernos. O apelo lançado por ele em 1954 foi feito através de uma rádio, na época o veículo mais importante de comunicação. Além disso, enquanto vivia, o Abade Pierre sempre era convidado a participar de programas televisivos e sua vida foi duas vezes transformada em filmes épicos. O segundo aspecto foi sua relação muito próxima com o mundo da política. Elegeu-se deputado por um mandato e, logo depois, manteve laços de proximidade com os grandes personagens da vida política francesa de todas as origens. Durante seu velório, em 2007, uma ampla e irrestrita gama de políticos e intelectuais se reuniu para homenageá-lo. O aspecto consensual é uma imagem forte no personagem do Abade Pierre, conhecido também como um "cruzado da bondade". Esse, aliás, é o terceiro aspecto fundamental na saga desse personagem: a fixação de um tipo de imagem que se associa a ele – o justo combate da bondade.

Ainda que não haja socialmente muito espaço para uma oposição direta a personagens que são ungidos de valores compassionais, pelo menos nos cabe analisá-los com algum distanciamento. O personagem do Abade Pierre e a imagem que ele veiculava foram, aliás, anos antes, objeto de análise de Roland Barthes. O capote, a barba de missionário, o corte de cabelo, todos esses elementos compunham, segundo Barthes, uma iconografia da bondade. Ele comentava:

> Preocupa-me uma sociedade que ao consumir tão avidamente a imagem da caridade se esquece de perguntar sobre suas consequências, seus usos e seus limites. Então me pergunto se a bonita e tocante iconografia do Abade Pierre não é um álibi que uma boa parte da sociedade se autoriza a usar, mais uma vez, para substituir impunemente os signos da caridade pela realidade da justiça.*

Certamente, os aspectos iconográficos comentados por Barthes foram também considerados para a montagem da ocupação do Canal Saint-Martin, pois um dos irmãos protagonistas se apresentou no local, exibindo os mesmos signos descritos por Barthes: a barba, o capote e o corte de cabelo. Se em 1954 a repercussão do evento se fez talvez pela imagem criada de forma espontânea,

---

* Barthes, Roland. *Mythologies*, Seuil, Paris, 1975.

• O LUGAR DO OLHAR •

em 2006 tudo leva a crer que os elementos dessa composição, dessa verdadeira *mise-en-scène*, foram cuidadosamente estudados e escolhidos: o lugar, a ordem das barracas, os personagens, seus figurinos, seus textos etc.. Sublinhamos que a palavra *composição* traz exatamente à tona essa ideia de um jogo de posições que cria e faz circular significados na forma como coisas, objetos e pessoas estão dispostos sobre um plano. Insistimos: a composição é sempre, portanto, um fenômeno passível de ser analisado sob um ponto de vista geográfico.

A concentração do fenômeno, com muitas barracas reunidas em um mesmo local; o alinhamento entre elas e a regularidade do padrão, barracas vermelhas semelhantes organizadas segundo um ponto de vista longitudinal, paralelas ao Canal; a escolha do Canal Saint-Martin, sítio tradicional da cidade, muitas vezes transformado em locação de inúmeras produções cinematográficas; todos esses ingredientes são os diretos responsáveis pela produção de uma imagem nova no fenômeno dos sem-teto. Eles aparecem através de uma homogênea e regular imagem de barracas similares alinhadas; induzem uma percepção de que estão organizados e concentrados, e de que fazem parte de um mesmo e só problema. Nos jogos composicionais, sabe-se que o efeito de realce pode ser alcançado aumentando a acentuação ou simplesmente aumentando a concentração daquilo que se quer valorizar, ou fazer ver.

A imagem é nova. Ela gera outra visibilidade para um fenômeno que, na dispersão comum pela qual se apresenta ordinariamente nas cidades, é olhado sem realmente ser visto. Disperso e rarefeito, o fenômeno não consegue despertar o interesse, não consegue se extrair do fluxo comum e banal da experiência da cidade que cotidianamente temos. Os organizadores da ocupação do Canal Saint-Martin, ao mudarem essa ordem de apresentação, mudaram a visibilidade do fenômeno. Restava o enredo, associar essa nova visibilidade a uma leitura, conduzir a interpretação, fixar a intriga: a bondade e a solidariedade através da imagem combativa e caridosa do Abade Pierre.* O espetáculo está pronto.

Tão fortes são os elementos que estruturam essa saga que retiram do debate todos os aspectos potencialmente divergentes que, no entanto, após a forte comoção inicial, acabam por se impor no curso desses eventos.

---

* Não podemos esquecer a força da própria denominação do movimento – Crianças de Dom Quixote –, que age também buscando produzir um sentido aventuroso e heroico ao movimento.

O LUGAR DO OLHAR

Assim, as diferentes circunstâncias que levam as pessoas a viverem na rua, o papel da dependência do álcool ou das drogas em grande parte dessa população, a vontade de alguns de permanecerem na rua, os conflitos com os moradores do bairro, as diferentes proposições de solução – tudo isso é por um momento colocado em suspensão para que um grande consenso se produza, um consenso trabalhado através da imagem. A complexidade da situação, com seus variados ingredientes, só poderia aparecer dentro de outro tipo de narrativa, representada por imagens mais variadas e menos unificadoras. A tentação das imagens simples, ao contrário, consiste em produzir a imediata comunicação de um sentido único capaz de gerar uma leitura fácil e em torno da qual prontamente se produzem adesão e mobilização.

A ocupação do Canal Saint-Martin em Paris se transformou em um verdadeiro modelo e, em diversas outras cidades francesas, apareceram acampamentos de moradores de rua. A ação bem-sucedida dos Enfants de Dom Quichote pareceu exemplar e muitos foram aqueles que procuraram recriar condições semelhantes para tentar obter a mesma repercussão, a mesma visibilidade.

Podemos imaginar que uma pergunta fundamental nessas iniciativas que tentavam recompor o mesmo cenário deve talvez ter sido aquela da escolha dos locais da montagem. Que sítios poderiam corresponder aos bem-sucedidos ingredientes reunidos pelas margens do Canal Saint Martin em Paris? Na cidade de Nice, apareceram barracas na praia, em frente à avenida denominada Promenade des Anglais, lugar público mítico dessa cidade, registrado no antológico filme de Jean Vigo de 1929, e através do qual podemos reconhecer facilmente o papel central da visibilidade e do jogo social em torno da avenida.* Em Bordeaux, a praça mais central também foi investida pelas barracas e assim ocorreu sucessivamente em diversos outros centros urbanos da França naquele momento. Seria interessante analisar as diferentes escolhas locacionais nessas variadas cidades francesas que tiveram ocupações associadas a essa experiência, reconhecer estratégias, tipologias e efeitos.

Como resultado prático dessa grande mobilização, uma nova lei foi votada na França e aprovada imediatamente por todos os parlamentares. A aplicação da lei é complexa, limitada e pouco eficiente. Logo depois do desmonte das barracas, a presença desses moradores sem-teto voltou a ser dispersa, esparsa, eventual e cotidiana – pouco visível.

---

* *À propos de Nice* [A propósito de Nice], de Jean Vigo, 1929.

• O LUGAR DO OLHAR •

A propósito de pontos cegos e de exposições

A partir da diferença entre imagens que são extraídas do fluxo e aquelas que simplesmente compõem os quadros de nossas atividades cotidianas, poderíamos conceber diferentes *regimes de visibilidade* das coisas, das pessoas ou dos fenômenos.* Um dos mais difundidos tipos de regime é aquele que faz parte do cotidiano e pode ser dito ordinário. Ele é previsível, repetitivo, não impactante. Outro tipo de regime poderia ser denominado como extraordinário. Ele capta a atenção, cria ou se associa a um evento, tem impacto, mobiliza e interfere nessa ordem do cotidiano. Há, por isso, muitas coisas, muitas pessoas e fenômenos que olhamos, mas não vemos. É preciso, às vezes, que elas mudem de lugar para que sejam vistas. A questão central nessa apresentação é, pois, saber como a localização ou o lugar figurado de uma ação faz parte dessas condições capazes de mudar o regime de visibilidade das coisas, pessoas e fenômenos.

Por que regimes de visibilidade? A ideia principal nessa expressão é a de que existe uma espécie de protocolo, de cartilha de procedimentos regulares, que estabelecem socialmente aquilo que deve ser visto, as condições

---

* O primeiro geógrafo que usou essa expressão foi Michel Lussault, em seu livro *L'Homme spatial* (Seuil, Paris, 2007).

e os valores que devem ser julgados. A proposta de regimes de visibilidade é uma analogia com a expressão dos "regimes de verdade", cunhada por Michel Foucault. Dizia ele que esses regimes nos informam sobre quem está autorizado a falar, o tipo de discurso que é aceito como verdadeiro e os mecanismos que permitem distinguir o falso do verdadeiro.

Paralelamente, podemos dizer que regimes de visibilidade nos informam sobre o que deve ser visível, como aquilo que é visto deve ser entendido e, simultaneamente, o que não merece ser visto. De certa forma, os regimes de visibilidade têm como meta nos informar sobre o que pode ser considerado importante e o porquê dessa avaliação. Eles nos informarão também sobre as condições necessárias para a interpretação daquilo que está sendo exposto, sua legitimidade. É nesse sentido que os regimes de visibilidade ditam mais do que somente o que é visto e o que é mantido à sombra. Eles ditam também o que deve ser lembrado e o que deve ser esquecido, suas continuidades e rupturas. Como diria Foucault, esses regimes criam práticas, criam seus próprios critérios e regras de avaliação e de legitimidade.*

---

* Foucault, Michel. *Les Mots et les choses*, Gallimard, Paris, 1994, pp. 19-31.

Logicamente, sustentamos aqui que os regimes de visibilidade são modulados pela espacialidade, ou seja, o "que" ver e "como" ver são completamente tributários de "onde" ver. Nesse sentido, não seria nem um pouco surpreendente afirmar que há uma geografia do olhar. Essa geografia nos informa sobre o que deve ou não ser visto naquele lugar. Ela nos informa sobre o estatuto e a compreensão possível para as coisas que ali se apresentam, sua importância e seu sentido.

Cartografias do olhar

Quando entramos em uma sala de um museu ou de uma galeria de arte, sabemos previamente que os objetos que ali estão expostos são considerados detentores de um valor, seja ele artístico, cultural ou histórico. Muitas vezes, pouco sabemos sobre o que está exposto. De fato, pouco importa o que veremos, eles já estão classificados pela posição que ocupam nessa rede de posições espaciais como elementos de valor. É sua situação espacial que nos informa. Cabe ao olhar observá-los e identificar o que, naqueles objetos, existe de interessante e de valor. A posição dos objetos os torna visíveis. Eles estão em situção de exposição. Esse é um exemplo bastante simples do que está sendo aqui chamado de cartografia do olhar.

Sugestivo é perceber que podem existir outros objetos dentro dessa mesma sala que não são "visíveis", embora ocupem um espaço contíguo. É comum que as salas de exposição dos museus ou de galerias sejam providas de equipamentos contra incêndio, medidores de temperatura e de trepidação etc.. Nenhum desses objetos, no entanto, nos é "visível" durante a visita. Um extintor ou um termômetro não solicitam nenhuma atenção nessas situações, são banais, pois exprimem tão somente suas estritas funcionalidades, medir a temperatura ou prevenir a extensão de um eventual foco de fogo. Eles também estão expostos, devem ser visíveis em caso de necessidade, mas permanecem como em situação de eclipse diante do nosso olhar de visitante. Seguramente, seriam escrutados minuciosamente se estivessem em outra posição dentro dessa sala, se a posição indicasse que eles também são objetos de interesse, que devem ser vistos e admirados, como, por exemplo, em uma eventual exposição sobre extintores ou sobre termômetros.

Há uma ação geográfica nesse nosso olhar. Uma imediata classificação das coisas pela posição que ocupam. Produzimos imediatas cartografias dos lugares e de seus conteúdos, selecionamos o que deve ser figurado, o que deve ser examinado, estabelecemos pontos de vista e até a escala dessa análise. Ângulos, distâncias, observação ou não de detalhes e minúcias, movimentos necessários, percurso da observação, comparações etc. são elementos que fazem parte dessa espécie de cartilha de procedimentos estabelecida para dirigir o olhar e a atenção. Esse "olhar cartográfico" nos indica o que deve ser visto e como deve ser visto. Tudo isso se faz segundo estritas normas e critérios, no caso que aqui nos interessa, apontando regras e critérios posicionais. O tipo de espaço, o lugar ocupado, a rede de relações dessa posição, tudo isso age como critérios que guiam o olhar e o interesse e conferem diferentes graus de visibilidade às coisas.

Essa ação geográfica realizada pelo olhar é tão facilmente conseguida, tão imediatamente alcançada que temos a tentação de compreendê-la como um dado "natural" e absoluto. Em outras palavras, como se fizesse parte da natureza intrínseca das coisas – coisas que são interessantes e coisas que são desinteressantes, coisas que merecem atenção e coisas que não merecem atenção. Quando assim procedemos, tomamos alguns regimes de visibilidade como formas exclusivas e absolutas, como se fossem a única maneira de estabelecer critérios para o olhar, tomamos a carta como se fosse a única possível representação do terreno, como se fosse ela o próprio terreno.

O lugar daquilo que está fora do lugar

Em 1917, sob o pseudônimo de R. Mutt, o conhecido artista de origem francesa Marcel Duchamp enviou para o Salão da Associação de Artistas Independentes, em Nova York, associação da qual ele, aliás, era um dos membros, um urinol de louça, utilizado em sanitários masculinos, com o sugestivo título de "Fonte".* O salão, do qual Duchamp era um dos curadores, tinha estabelecido previamente como regra que não haveria jurados nem seleção das obras para a exposição. Surpreendentemente, no entanto, o urinol foi recusado. A razão alegada para a recusa pelos outros curadores foi o fato de que o lugar de um urinol não é em uma exposição de arte, ele estaria *fora do seu lugar*.

A peça é um *ready-made* na proposta de Duchamp, um objeto fabricado em outro contexto e com outro fim, deslocado de sua funcionalidade primeira e de seu ambiente comum para o meio da arte. Efetivamente,

---

* Foto no site francês dedicado ao artista: http://migre.me/8BEwS. – "A fonte", Marcel Duchamp.

O LUGAR DO OLHAR

o urinol de Duchamp podia, na época, ser encontrado em qualquer loja do ramo. Sem reconhecer Duchamp no pseudônimo de R. Mutt, foi-lhe sugerido que, como curador, se encontrasse com o artista para demovê-lo da ideia de expor aquele banal objeto. Por motivos evidentes, isso não foi feito e o urinol se transformou no centro de uma grande discussão que, finalmente, ajudou a notabilizá-lo. Em pouco tempo, o urinol se transformou em um objeto célebre, pivô e materialização de um complicado debate sobre a natureza de um objeto de arte. Como o destino do original é desconhecido, uma série de réplicas, com o acordo do autor e assinadas R. Mutt, foram feitas a partir de uma única foto existente. Muitos museus e galerias hoje colocam essas réplicas em destaque na exposição dos seus acervos. Inúmeros livros dedicados à história da arte, sobretudo da arte moderna, colocam fotos desse objeto, celebrizado pela polêmica causada.

O urinol, que até 1917 era apenas exposto nas calçadas das lojas de material de construção, com um preço correspondente a qualquer outro objeto congênere e que parecia ter como destino servir apenas à exata funcionalidade sanitária dos banheiros públicos, ao mudar de lugar, transformou-se em objeto de arte. Como disse

Umberto Eco a propósito dos *ready-mades*, "quando esses objetos são notados, isolados, enquadrados, *oferecidos à nossa contemplação*, eles ganham uma significação estética como se tivessem sido tratados pela mão de um autor".*
A forma e o lugar da exposição mudaram a história desses objetos, mudaram sua apreciação, mudaram seu valor e, em 1999, um colecionador grego chegou mesmo a pagar quase 2 milhões de euros por uma dessas cópias em um leilão.

Para alguns, Marcel Duchamp e seus *ready-mades* são marcos do começo da arte contemporânea. Aqui, o mais importante não é saber se esse ato corresponderia ou não à ação fundadora de uma nova forma de expressão artística. Interessa-nos o fato de que, por meio desse ato, o artista tenha desvendado o sistema espacial subjacente à nossa apreciação do valor e do interesse de certos objetos. É válido dizer mesmo que, se ele o desvendou, foi porque ele o compreendeu e que, nessa atitude de desafio às regras de um sistema de visibilidade, ele fez aparecer a espacialidade como um dos seus critérios fundamentais.

---

* Eco, Umberto. *Histoire de la beauté*, Flammarion, Paris, 2004, p. 406 (tradução e grifo meus).

• O LUGAR DO OLHAR •

A atitude do artista desestabilizou por completo a pretensa naturalidade dos nossos critérios espaciais do olhar no que concerne aos objetos artísticos. Ele mostrou o que há de arbitrário e situacional nas escolhas que fazemos daquilo que deve ser visto, embaralhou nossas cartas, comprometeu nossas cartografias do olhar. Demonstrou a possível relatividade dos sistemas de visibilidade que nos guiavam nesses ambientes de galerias, salões e museus.

Definitivamente, ele deixou claro que reconhecemos também uma obra de arte pelo local em que ela está exposta, pela posição em que ela se encontra, seu contexto locacional, e pela história que podemos associar a esse objeto. O lugar, o contexto, a narrativa podem fazer mudar completamente o estatuto de um objeto.

Segundo muitos críticos de arte, a questão que se coloca à arte contemporânea parece não ser mais aquela que caracterizou a arte moderna, sobre as fronteiras ou os limites assimiláveis à criação, mas sim a inadequação dos conceitos tradicionais de arte, de obra, de artista etc..* Não haveria mais sentido, portanto, na pergunta "o que é a arte?" Segundo o filósofo americano Nelson Goodman, devemos substituí-la por outra: quando

---

* Jimenez, Marc. *La Querelle de l'art contemporain*, Folio Essais, Gallimard, Paris, 2005, p. 21.

há arte?* Podemos, sem dificuldade, dizer que o espaço é um desses elementos-conceitos que estão em discussão na arte contemporânea e parafraseando Goodman podemos afirmar que a pergunta fundamental seria talvez "Onde há arte?" Em outras palavras, onde é o lugar da arte hoje? Como os lugares se associam aos objetos e práticas que dão origem à leitura de que *ali* há arte?**

O influente crítico de arte norte-americano, Arthur Danto, nos descreveu a estranha sensação que teve em 1964 na exposição de Andy Warhol. Havia em exibição caixas de um conhecido produto usado para lavar roupas. Elas eram exatamente iguais àquelas que poderiam ser encontradas nos supermercados, embora vazias e produzidas com materiais diferentes. A pergunta que ele guardou como fundamento daquele impacto foi: quando o banal deixa de sê-lo para constituir um objeto

---

* Goodman, Nelson. *Langages de l'art*. Apud Jimenez, Marc. *La Querelle de l'art contemporain*, Folio Essais, Gallimard, Paris, 2005, p. 32.

** O conhecido artista plástico e fotógrafo J. R. afirmou, por exemplo, em uma entrevista: "Realmente, o mais importante é o lugar onde eu coloco minhas fotos e o sentido que elas tomam em função do lugar." *L'Express*, 2011, n. 3.153, p. 142.

de arte?* Para Danto, essa transfiguração seria fruto de certa atmosfera, certo contexto, certo ambiente que daria sentido estético para aqueles objetos, uma teoria da arte que se insinuava naquele momento e naquele lugar. A questão fundamental colocada por ele diz respeito ao estatuto de objetos e dos seus lugares de exposição (em um supermercado ou na Stabble Gallery, em Nova York).

Ele chamou isso de um *ambiente*, mas bem poderíamos dizer que se trata de uma espacialidade, uma forma de construir sentido através da exibição de coisas fora de seus regulares lugares e associar essa ação a uma narrativa (que Danto viu como uma nova teoria da arte). Estão aí reunidos os elementos que criam novos regimes de visibilidade e nos fazem ver as coisas diversamente de como habitualmente as vemos (ou não as vemos).

Para grande parte dos pensadores de arte, Marcel Duchamp parece ter sido um pioneiro quando traçou novas configurações do que seria a arte contemporânea. Como vimos, o sistema espacial foi uma questão central na "transfiguração" de um objeto comum em objeto de arte. Andy Warhol, com suas caixas de sabão em pó

---

* Danto, Arthur. *The Transfiguration of The Commonplace: A Philosophy of Art*, Harvard University Press, Nova York, 1981.

e suas latas de sopa, relançou com grande impacto e competência essa discussão sobre o lugar da arte quase cinquenta anos após. Hoje, também quase cinquenta anos depois, o papel do espaço nesse enredo ainda aparece com pouca clareza, embora novas iniciativas tenham se seguido. Algumas, aliás, colocam o espaço em cena sem ambivalências.

Em 2009, por exemplo, o Centro Georges Pompidou de Artes (Beaubourg), em Paris, abrigou a exposição "Um espaço vazio", composta de nove salas sem qualquer objeto.* De fato, o que estava em exposição eram simplesmente as salas, o espaço puro delas. Toda

---

* Essa ideia já tinha sido explorada desde 1958 em oito exposições, e a de 2009 era a retrospectiva, mas a primeira delas a falar de um espaço vazio. As outras foram: Yves Klein. "La Spécialisation de la sensibilité à l'état matière première en sensibilité picturale stabilisée", Paris, 1958; Art & Language. "The Air-Conditionning Show", 1967; Robert Barry. "Some Places to which We Can Come, and for a while 'Be Free to Think about what We Are Going to Do.'", Turin, 1970; Robert Irwin. "Experimental Situation", Los Angeles, 1970; Laurie Parsons. Sem título, Nova York, 1990; Bethan Huws. "Haus Esters Piece", Krefeld, 1993; Maria Eichhorn. "Money at the Kunsthalle", Berna, 2001; Roman Ondak. "More Silent than Ever", Paris, 2006; Stanley Brouwn. "Un espace vide", Paris, centre Pompidou, 2009.

O LUGAR DO OLHAR

a visibilidade era restituída ao lugar, não aos objetos que o ocupam. Isso constitui um indicador formidável do papel da espacialidade no sistema de apresentação dos objetos artísticos, da solidariedade da posição com os objetos para a produção de sentido.

Marcos da entrada em outros sistemas de visibilidade

Alguns anos antes de Duchamp, outro objeto também havia sido recusado em uma respeitada exposição, em um salão de arte de Paris em 1863. Esse outro objeto foi um quadro rejeitado para uma exposição de pintura. Coincidentemente, esse quadro é hoje também identificado como um marco na história da arte. Trata-se da conhecida tela de Édouard Manet, "Déjeuner sur l'herbe".* O aspecto para o qual queremos chamar atenção, no entanto, é um pouco diverso daquele tratado a propósito do urinol de Duchamp. Não diz respeito à localização, muito embora não seja completamente sem interesse e redundante o fato de que, logo depois, todos os artistas recusados nesse salão de pintura da Academia tenham organizado uma nova exposição, no Palais

---

* O quadro se encontra no Museu d'Orsay, em Paris: http://migre.me/8BF1H. – "Déjeuner sur l'herbe", Édouard Manet.

de l'Industrie, também em Paris, denominada "Salão dos Rejeitados" [*Salon des Réfusés*], e que esse grupo tenha se transformado no núcleo do reconhecido movimento impressionista da pintura.

O que se quer ressaltar aqui é que, para muitos, o quadro de Manet permanece enigmático em sua proposição. Certo, existem composições semelhantes e reconhecidos antecessores (Ticiano, com a "Festa campestre",* Rafael e as ninfas no "Julgamento de Paris"** e Courbet na tela "Moças às margens do Sena"),*** mas um elemento novo é desconcertante: sobre o que o quadro fala?

Os personagens dirigem seus olhares para direções diferentes. A mulher, em primeiro plano, nos olha diretamente, incluindo-nos na composição. Ela está nua. Os homens têm roupas elegantes e urbanas. Outra mulher ao fundo está se banhando. Personagens urbanos se misturam a uma paisagem campestre – o que estariam

---

* Museu do Louvre, Paris: http://migre.me/8BHcm. – "Festa campestre", Ticiano.

** Museu Hermitage, São Petesburgo: http://migre.me/8BIyJ. – "Julgamento de Paris", Rafael Sanzio.

*** Petit Palais, Paris: http://www.ricci-art.net/img004/522.jpg. – "Moças às margens do Sena", Gustave Coubert.

O LUGAR DO OLHAR

fazendo? Por que uns estão vestidos e outros nus? Sobre o que falavam? Por que falam sem olhar uns para os outros? Somos apresentados a uma cena sobre a qual nada sabemos e muito pouco podemos dizer sobre ela com alguma certeza.

Os críticos da época pensaram, assim como mais tarde para o urinol de Duchamp, que era uma piada, uma brincadeira. O tamanho do quadro não era o usual; era muito grande e só os assuntos históricos ou bíblicos eram apresentados em telas desse tamanho. Os nus também eram bem-aceitos desde que estivessem relacionados aos temas mitológicos ou da Antiguidade, mas os personagens de Manet eram todos contemporâneos. Alguns detalhes têm um aspecto inacabado, como se não fosse importante terminá-los ou se propositadamente não tivessem sido trabalhados até o fim. A figuração da paisagem é pouco detalhada e as proporções ditadas pela perspectiva clássica não são respeitadas.

Como já foi dito, o maior problema, no entanto, não são essas discordâncias formais. O quadro de Manet criou uma polêmica pelo tema ou pela ausência dele. De fato, a narrativa não é clara. A situação ilustrada não tem uma mensagem fixada. Há um mistério na associação desses personagens naquele lugar. Como constatou o conhecido escritor Émile Zola, o público da época não entendeu o quadro, pois se tratava de uma obra sem um tema. Manet, segundo Zola, era um pintor "analítico", o que ele figurava no quadro seria apenas um pretexto para um jogo de massas e cores, enquanto para o grande público só o tema interessava – "O que é preciso ver nesse quadro não é um 'déjeuner sur l'herbe' (um almoço sobre o gramado), mas sim toda a paisagem, com seu vigor e sua fineza, com seus primeiros planos tão largos, tão sólidos e seus fundos de uma delicadeza tão leve [...] é enfim esse vasto conjunto, cheio de ar, esse canto da natureza trazido com uma simplicidade tão justa, toda essa página admirável em que o artista colocou todos os elementos particulares e raros que estavam nele."*

O quadro de Manet marca o advento claro de uma pintura que começa a se distinguir dos temas clássicos. Ele ousa demonstrar liberdade em relação a um tema narrativo, busca uma expressão mais analítica e menos representacional. Esse conjunto de rupturas hoje é aceito

---

* Zola, Émile. "Édouard Manet. Étude biographique et critique", *La Revue du XIXe siècle*, janeiro de 1867, p. 91: http://www.cahiers-naturalistes.com/Salons/01-01-67.html (tradução do autor).

• O LUGAR DO OLHAR •

como o primeiro passo em direção aos propósitos de uma arte moderna na pintura.*

Muitos foram aqueles que apontaram Manet como um pioneiro da arte moderna, indo bem além do programa proposto e identificado ao rótulo de pintura *impressionista*. O filósofo Michel Foucault, retomando os propósitos de Paul Valéry, de André Malraux, de Georges Bataille, afirma que Manet tornou possível toda a pintura pós-impressionista, toda a pintura do século XX.** Para Foucault, Manet anuncia o quadro-objeto, uma obra na qual o tema é secundário e as regras básicas de enquadramento e perspectiva são transgredidas, fazendo com que não tenhamos a sensação da cena como uma janela, mas sim restabelecendo o quadro, a tela, como um objeto físico em si. Ele aponta também um novo princípio de composição com a cor negra profunda das vestes dos homens se confundindo com a figuração da vegetação. Para Foucault, a mancha negra assume no quadro "Déjeuner sur l'herbe" um valor espacial. A cor

---

* Essa leitura do papel de Édouard Manet foi ainda recentemente reafirmada pela exposição que traz o sugestivo título de "Manet, inventeur du moderne" [Manet, inventor do moderno]. Museu d'Orsay, Paris, abril de 2011.

** Foucault, Michel. *La Peinture de Manet*, Seuil, 2004.

preta nesse caso não é ausência ou privação. É a base pela qual todas as outras cores tornam-se visíveis. A cor negra é um princípio de ordem espacial.

O público sensível à obra de Manet era composto daqueles seus contemporâneos anônimos que frequentavam os cafés, os bulevares e os grandes jardins parisienses, personagens que indicavam o advento da Terceira República Francesa, só proclamada em 1870, mas já anunciada na multidão e em seus hábitos, alguns deles fragmentariamente figurados nos quadros de Manet. Ele afirmou: "Eu fiz aquilo que vi."[*] Talvez. Mas esse olhar se instituía a partir de um novo regime de visibilidade que ali se iniciava, definindo novas narrativas para um novo público – novos espaços de ver.

Quando o olhar conta, descreve, sente e participa

A imagem de um quadro é uma narração ou uma descrição? Que diferença existe entre mostrar algo ou contar algo – seria a mesma que existe entre olhar e ver? Na literatura, esses procedimentos são mais claramente identificáveis. Descrever significa apresentar as características, reunir elementos, tipificar, individualizar,

---

[*] Guégan, Stéphane (dir.). *Catalogue de l'exposition. Manet, inventeur du moderne*, Gallimard, Paris, 2011.

• O LUGAR DO OLHAR •

apresentar. Por isso, descrever uma paisagem é dizer como ela é, de que elementos é composta, como esse espaço se apresenta. As formas são os dados primordiais, e a caracterização de modelos morfológicos parece ser um dos objetivos supremos desse tipo de procedimento.

Já a narração, como foi dito inúmeras vezes, tem um componente cronológico essencial, é uma sucessão de elementos em uma escala de tempo.* A narração seria constituída assim pelo estabelecimento de uma linha de coerência entre atos, eventos ou elementos que se sucedem no tempo. Na narração, há regras, mais ou menos estáveis, que permitem a legibilidade do encadeamento daquilo que é mostrado, uma coerência interna entre esses elementos que dá conta do funcionamento de uma situação.**

---

* Esse é o ponto de vista defendido por Lessing em seu ensaio sobre o grupo escultural conhecido como Laocoonte, atualmente no Museu do Vaticano. Lessing, G. E.. *Laocoonte. Ou sobre as fronteiras da poesia e da pintura*, Introdução, tradução e notas de Márcio Seligmann-Silva, Iluminuras/Secretaria de Estado da Cultura, São Paulo, 1998.

** Ver, a respeito, Jimenez, Marc. "Do *ut pictura poesis* ao *Laocoon* de Lessing", *O que é estética*, Unisinos, São Leopoldo, 1999, pp. 96-104.

Na geografia, a narração corresponderia à ideia de processos. Assim, narrar os processos atuantes em uma paisagem significa estabelecer momentos na evolução das formas, suas transformações. Em oposição, a descrição teria maior compromisso com a simultaneidade de elementos, com a composição e até com a simbologia, ou seja, com a relação da forma com os conteúdos. Os procedimentos descritivos são um traço muito forte na tradição geográfica. O geógrafo Denis Cosgrove denominou essa tendência de "olho morfológico", pelo papel que ela confere à observação das formas. Ele associou seu advento na geografia inglesa do final do século XIX às influências do ensino da história da arte que eram dominantes nesse período.*

A conhecida fórmula do poeta latino Horácio "*ut pictura poesis*", a poesia como a pintura, estabelece uma total equivalência entre o ato de narrar e o de mostrar:

---

* São muito interessantes as relações traçadas por Cosgrove entre os primórdios da escola de geografia de Oxford e a possível influência das concepções de John Ruskin sobre a arte. Cosgrove, Denis. *Geography and Vision: Seeing, Imagining and Representing The World*, I. B. Tauris, Los Angeles, 2008.

Poema pictura loquens, pictura poema silens.* A partir da modernidade, esse ponto de vista começou, no entanto, a ser fortemente questionado. A vocação natural da imagem é ser mais descritiva e a da arte literária, mais narrativa. Ainda assim, alguns autores mantiveram a ideia de que poderia haver uma possível equivalência entre essas duas formas de expressão. Há imagens em que os elementos morfológicos e composicionais são mais importantes – essas estão mais próximas do modelo descritivo; há imagens que são mais descritivas, elas induzem a pensar em diferentes momentos para a compreensão daquilo que está figurado. Evidentemente, esses modelos, o descritivo e o narrativo, não são completamente excludentes, mas nos ajudam a pensar e a distinguir procedimentos predominantes em determinados momentos ou correntes.

Ambos os procedimentos, descrição e narração, produzem sentidos, ambos se valem de imagens. Eles não são perfeitamente excludentes, mas colocam em relevo maneiras diferentes de organizar as imagens e mesmo o estatuto delas: imagens que fixam um conteúdo e imagens que transformam o conteúdo pela sua

---

* "O poema é uma imagem que fala, a imagem é um poema silencioso."

própria mudança. Essa ideia é muito próxima da distinção feita para a literatura por G. Lukács entre o narrar, que estabelece um fluxo, um ponto de vista dinâmico e comprometido com a mudança, e a descrição estática, particularizadora, minuciosa, que induz à contemplação em detrimento da ação narrativa.*

Trata-se de um debate ainda bastante atual em diferentes áreas do conhecimento, no cinema, na antropologia, na geografia, entre outras. Na geografia, muitos se perguntam sobre o papel da descrição, sobre o conhecimento empírico, morfológico dos lugares. Outros defendem claramente a visão processual e só aceitam falar de formas espaciais se elas estiverem em movimento, dentro de uma narrativa.**

No quadro de Manet, há, entretanto, uma ruptura com esses dois atos fundadores do que era considerado fundamentos ou razões de uma pintura: a narração e a descrição. Se descrever implica particularizar características, mostrar detalhes, o quadro de Manet, com

---

* Lukács, Georg. "Narrar ou descrever", In: *Ensaios sobre literatura*, Civilização Brasileira, Rio de Janeiro, 1964.

** Ver, a esse respeito, por exemplo, Santos, Milton. *Espaço e método*, Hucitec, 1994; Santos, Milton. *A natureza do espaço. Técnica e tempo: razão e emoção*, Edusp, São Paulo, 1996; ou, ainda, Corrêa, Roberto Lobato. *Região e organização espacial*, Ática, São Paulo, 2000.

suas imperfeições ou sugestões, não correspondia a esse ideal; se a narração pressupõe uma compreensão de um fato ou de uma cena pela coerência dos elementos que são dispostos de forma a nos contar algo, então o quadro de Manet, com seu enigma fundamental, sem tema, fugia desse ideal.*

Antes, no entanto, não era assim.

Um olhar, um sorriso: um enigma

Uma das pinturas mais conhecidas e apreciadas no mundo é o retrato da "Gioconda" ("Mona Lisa"), pintado por Leonardo da Vinci em 1505.** O conhecido historiador

---

* O historiador e crítico de arte norte-americano Clement Greenberg, em seu texto *Towards a Newer Laocoon*, volta ao problema colocado por Lessing da fronteiras entre as artes e propõe uma nova delimitação na qual a condição bidimensional e plana do quadro, a recusa de qualquer efeito de *trompe l'oeil* ou de ilusão escultórica seriam a expressão máxima da pintura. O abstracionismo absoluto e a erradicação de qualquer figuração são, para ele, os limites de uma verdadeira pintura de vanguarda, tendência que, segundo ele, começa com Édouard Manet. Apud Jimenez, Marc. *La Querelle de l'art contemporain*, Folio Essais, Gallimard, Paris, 2005, p. 115.

** Museu do Louvre, Paris: http://migre.me/8BHpc. – "Mona Lisa", Leonardo da Vinci.

da arte francês, Daniel Arasse, conta como esse quadro se transformou, para ele também, em um dos seus quadros favoritos. Ele nos descreve:

> Primeiramente, a "Gioconda" está sentada em uma *loggia*, isto é, com colunas sobre as bordas direita e esquerda, unidas por um muro, atrás dela. Ela está de costas para uma paisagem, bastante distante [...] Esta paisagem ao fundo é curiosa, pois é composta unicamente por rochedos, terra e água. Não há nenhuma construção humana, nenhuma árvore, há somente nessa paisagem quase pré-humana uma ponte e foi isso que me colocou muitos problemas de interpretação.*

Leonardo da Vinci concebia a pintura de um quadro como *cosa mentale*, isto é, uma pintura para ele é sempre o resultado de uma reflexão muito densa e cheia de sentidos. Como bem indica Arasse, um dos maiores desafios interpretativos desse quadro sempre foi o de compreender a relação que une essa figura feminina e a paisagem. O contraste entre esses dois planos seria o indício de uma oposição entre sensibilidade e beleza

---

* Arasse, Daniel. *Histoires de peintures*, Folio Essais, Paris, 2004, p. 33.

da humanidade em face de uma natureza cheia de descontinuidades?

O mistério não está na história da "Gioconda", dela sabemos quase tudo. A imagem da "Gioconda" está bem próxima de nós, ela nos olha diretamente e nos sorri. Esse é um dos primeiros quadros em que há um sorriso. Para Arasse, o mistério do sorriso é a ligação da personagem com a paisagem. A paisagem é quase incoerente, do lado direito, montanhas altas e, lá em cima, um lago com uma linha do horizonte bastante elevada. No outro lado, ao contrário, a paisagem é muito mais baixa – como conceber a transição entre esses dois lados? Ele percebeu que, do lado mais alto da paisagem, a boca da "Gioconda" se levanta ligeiramente, enquanto, do outro lado, o canto da boca se prolonga pela linha de base do relevo. A passagem entre os dois lados da paisagem se faz então pelo sorriso da figura. O sorriso é o efêmero, é o tempo que passa. Tempo que transforma também a paisagem.

Outro especialista da obra de Leonardo da Vinci, Carlo Pedretti, acrescenta que a ponte na paisagem é o símbolo do tempo que passa, figurado na água do riacho. Segundo esses historiadores, no mesmo momento em que Leonardo pintava a "Gioconda" ele trabalhava desenhando mapas. Uma análise desses mapas mostrou que a paisagem era praticamente a representação da parte da Toscana que Leonardo da Vinci estava desenhando nos mapas. Ele acrescentou um rio que não existe entre o lago Trasimeno e os pântanos do Vale do rio Arno e ali colocou a ponte. Essa representação corresponde à imagem imemorial de uma Toscana que haveria existido antes da presença humana. O curso d'água é como o sorriso, aquilo que faz a ligação, a ponte, entre dois momentos, entre duas áreas. O tema do quadro é o tempo que transforma, tempo que transforma o espaço.

Nesse relato é como se houvesse a decifração de um mistério. O interesse dessa pintura é também obtido pela provocação de entendê-la, ela é uma espécie de esfinge, propondo um desafio fundamental. Gostamos do enigma, do jogo que se esconde na representação, como se nem tudo estivesse sendo dito claramente pela forma. Há um permanente desvelar de mensagens, como em um jogo de pistas. Assim, podemos não estar de acordo com a interpretação proposta por Arasse ou por Pedretti, mas temos que admitir que a pintura de Leonardo da Vinci nos convida a produzir sentido.

Coube também ao artista Marcel Duchamp, em 1919, a iniciativa de demonstrar, sob um novo ângulo, essa quase necessária atividade de desvendar mensagens que estaria integrada nesse tipo de representação. Ele o fez de forma irreverente e iconoclasta, através da justaposição das letras "LHOOQ" a uma reprodução da tela da "Mona Lisa", expressão que ao ser lida foneticamente em francês contém uma mensagem bastante vulgar.*

A complexidade da expressão da "Gioconda" talvez corresponda simplesmente à descoberta e à valorização, na época do Renascimento e do Humanismo, da complexidade das nossas interpretações das expressões faciais – aquela figurada no quadro estaria entre as imagens comuns do rosto experimentadas na vida social. Essa dificuldade em apreender o que quer dizer o sorriso da "Gioconda" é uma das maiores distinções entre essa pintura e suas antecessoras, que muito facilmente arvoravam signos explícitos na expressão dos sentimentos, como máscaras, que de forma inconfundível exprimiam dor, alegria, exaltação etc.. No rosto pintado por Leonardo da Vinci, a mensagem talvez fosse a de que as pessoas possuem e exprimem sentimentos que são muito mais complicados de compreender do que aqueles que comumente nós conseguimos descrever. A imagem dessa dificuldade é um quadro.

---

* Em francês, a frase *elle a chaud au cul* poderia ser traduzida como "ela está com fogo no rabo", o que não deixa de ser uma "interpretação" para o enigmático sorriso representado.

Pouco importa aqui a melhor interpretação. O fato fundamental é que esse quadro mostra, descreve e narra. Ele é um retrato de uma mulher, tem uma forma definida, detalhes e minúcias que nos fazem identificá-la. Ele é também uma narração, na medida em que podemos nos interrogar sobre as razões das diferentes escolhas feitas nessa aparentemente simples representação de uma mulher. Elas foram muito bem-pensadas para produzir determinados efeitos, sugerir que pensemos sobre determinados temas, seja ele o tempo, seja a relação homem-natureza, seja a complexidade da expressão sentimental. A interpretação é parte do jogo que constitui desvendar a intenção que se esconde atrás de uma imagem que não se dirige diretamente ao tema. Ele tem uma unidade fundamental que caracterizou toda a pintura ocidental até o final do século XIX.

Segundo, por exemplo, o filósofo iluminista Diderot, um dos primeiros pensadores a assumir uma posição de crítico de arte na modernidade, a arte pictórica deveria seguir as regras da tragédia clássica: unidade do tempo e do espaço acrescida de uma unidade de ponto de vista.*

---

* Notemos de passagem que o nascimento da crítica é contemporâneo do nascimento do público moderno, ou seja, de certa exposição ao olhar e ao julgamento, variado, controvertido, discutido e justificado. Jimenez, aliás, mostra que a palavra critério

• O LUGAR DO OLHAR •

Isso compõe o conteúdo dramático de uma cena figurada em uma pintura que se apresenta em um quadro. São exatamente esses preceitos da arte que, mais tarde, a tela de Manet, "Déjeuner sur l'herbe", contrariou e, por isso, marcou o início de novas experimentações e discussões no campo das representações visuais.

Dois temas podem ser trabalhados a partir daí. O primeiro é o de que a arte moderna rompe com a unidade fechada de compreensão. Há diferentes formas de compreender as coisas. Vemos ou compreendemos coisas diversas a partir da possibilidade de termos diferentes pontos de vista, pontos de observação, contextos da observação. A arte não é a simples cópia da natureza, ela é criadora de sensações. Assim, quando olhamos uma pintura, vemos coisas que não obrigatoriamente foram pensadas para ser vistas daquela maneira. Há uma intervenção dos sujeitos na promoção de sentidos.

O segundo tema importante é o fato de que há também um distanciamento que se coloca entre o observador e aquilo que é observado capaz de gerar um ponto de vista diverso daquele que a cotidianidade e a convivência ordinária nos imprimem. A arte cessa

---

em grego tem a mesma raiz de julgar e distinguir (*Krinein*). Jimenez, Marc. *O que é estética*, Unisinos, São Leopoldo, p. 108.

de ter como parâmetro a imitação da natureza tal qual ela se nos apresenta. Ver uma obra de arte moderna significa confrontar-se com a confusão de diferentes referenciais, ver talvez aquilo que os olhos normalmente não veem. Pode ser também uma rara oportunidade de nos vermos fora de nós mesmos.

Esses dois temas, já bastante trabalhados no domínio das artes plásticas, têm implicações diretas com a espacialidade e, por conseguinte, merecem destaque na discussão aqui desenvolvida, que reúne visibilidade e espaço. No que diz respeito ao ponto de vista, já sublinhamos antes a explicação de que esta é uma noção completamente tributária da posição dentro de um sistema espacial. Quanto ao distanciamento entre uma imagem que se apresenta sobre um suporte e o observador, é evidente que essa distância é antes de tudo física, e isso oferece a quem observa a oportunidade de refletir senão com alguma isenção, pelo menos com certa exterioridade.

O olhar espacialmente orientado

No começo do século XV, em Florença, um pequeno espetáculo é montado para uma demonstração. Uma pintura do Batistério de Florença, tal como ele é visto a partir da porta da catedral, é colocada a uma dada distância e, através de um pequeno orifício no verso do quadro, as pessoas são convidadas a olhar em sua direção. O primeiro olhar vê, sem surpresa, o batistério, porém, logo depois, um espelho é colocado no eixo do orifício por onde as pessoas estão olhando e se descobre então, refletido com as mesmas proporções, com a mesma sensação de profundidade, o batistério pintado sobre a tela. A demonstração é clara, a representação imita com perfeição o real.

O responsável pelo espetáculo é Filippo Brunelleschi, personagem central no ambiente de mudanças que se processavam em todos os campos da arte naquele momento em Florença: na arquitetura, na pintura ou na escultura. A demonstração tinha relação com o método da perspectiva linear monofocal, calculada de forma rigorosa, matemática, pelos florentinos. Muito mais do que simplesmente um método de representação, a perspectiva significou o nascimento de um novo olhar sobre o mundo. Leon Battista Alberti, grande arquiteto do *Quattrocento*, dizia que esse novo olhar era como um compasso capaz de medir a quantidade de espaço. Por meio desses jogos de interação, a distância, o tamanho e a proporção dos objetos variavam de acordo com sua posição e com a posição do olhar. Dessa forma, as coisas podiam mudar inteiramente de aspecto. Nas palavras de Sennett: "Esses jogos de intervenção ordenam o mundo visual. O mundo pode se tornar coerente pela maneira como o olhamos."*

O historiador da arte Ernst Gombrich propõe a questão de saber por que sociedades diferentes desenvolvem formas diversas de representar o mundo. Ele se pergunta se isso não teria que ser analisado segundo as prioridades e os objetivos que cada cultura estabelece para escolher as melhores formas de representação. Por outro lado, podemos também nos perguntar em que medida essas formas de ver o mundo não são conformações do olhar, educações visuais, o que nos levaria de volta ao tema do início deste texto sobre os dispositivos sociais que tornam as coisas visíveis e outras invisíveis.

O movimento que se iniciou no *Quattrocento* florentino se difundiu pelo Ocidente como um ideal, como a "boa" forma de representar o mundo, e se manteve como modelo fundamental durante muitos séculos. Todos nós reconhecemos que as mudanças ocorridas nas concepções intelectuais e materiais nesse momento tinham estreita relação com o dinamismo comercial de um mundo cada vez mais urbano que aumentou

---

* Sennett, Richard. *La Ville à vue d'oeil: Urbanisme et société*, Plon, Paris, 1992, p. 191.

• O LUGAR DO OLHAR •

as trocas de todas as espécies. Sabemos ainda que esse movimento se originou também na perda de influência da Igreja, seguida de uma maior centralização do poder e da retomada de valores greco-romanos, a república, o hedonismo, o individualismo. Muitos autores têm se debruçado sobre esse momento, tentando correlacionar essas mudanças à força desse novo modelo representacional para toda a sociedade ocidental.

O surgimento da perspectiva tem sido um dos elementos dessa discussão. Para Erwin Panofsky, em seu célebre texto de 1925, a perspectiva surgida em Florença era marcada pela continuidade com a perspectiva praticada na Antiguidade greco-romana, que havia sido perdida durante a Idade Média.* A forma pela qual essa perspectiva foi retomada no século XV, segundo ele, tinha a característica fundamental de ser matemática. Simbolizava assim um mundo independente dos deuses, um mundo cartesiano. A visão dessa perspectiva é o olhar da modernidade sobre o mundo, um mundo de posições matemáticas, com paralelas que se encontram em um infinito. Enfim, para ele a perspectiva linear era uma metáfora do mundo moderno.

---

* Panofsky, E.. *Perspective as Symbolic Form*, Zone Books, Nova York, 1991.

Já para Pierre Francastel, a perspectiva com um ponto de fuga constitui uma projeção do olhar de um espectador, segundo uma determinada posição no espaço.* Há um lugar próprio para a observação, a partir do qual se deve olhar. Nesse novo sistema de representação, há uma ação humana organizadora em que o homem é o ator e o espectador central. O homem constrói seu mundo segundo suas medidas, o urbanismo das cidades italianas no Renascimento é uma prova disso, nas teorias de proporções, de volumes e de distâncias. A perspectiva não é uma forma simbólica, ela é a expressão espacial do homem moderno.**

É sabido que em Florença a cartografia se desenvolveu muito também na mesma época e, por isso, alguns autores afirmam que a noção da perspectiva foi fundamental nesse exercício de conceber a representação do espaço como um sistema de posições relativas.

---

* Francastel, Pierre. *Pintura e sociedade*, Martins Fontes, São Paulo, 1990.

** Para uma discussão mais aprofundada sobre as divergências entre as concepções de Panofsky e Francastel, consultar Duvignaud, Jean. *Sociologie de l'art*, PUF, Paris, 1972.

• O LUGAR DO OLHAR •

Dois autores fizeram estudos aprofundados sobre esse tema, Alpers e Edgeston.* Muito embora discordem sobre a continuidade desse sistema de referência com os tradicionais preceitos da Geografia Ptolomaica, redescoberta e traduzida na Itália nesse período, concordam com a ideia geral de que a concepção da perspectiva foi fundamental para o desenvolvimento dos sistemas de projeção modernos.** Para Alpers, há ainda uma fundamental diferença entre os sistemas de representação do espaço a partir do século XVI entre o norte e o sul da Europa, uma vez que na primeira dessas regiões a paisagem é parte do tema, daí a verdadeira "cartografia" que existe em alguns quadros dessa escola, em contraste com as tradições do sul da Europa, onde as paisagens eram vistas como algo fora dos temas representados.

---

* Ver, por exemplo, os capítulos desses autores: Alpers, Svetlana. "The Mapping Impulse in Dutch Art"; Edgeston, Samuel. "The Heritage of Ptolomaic Cartography in the Renaisance", In: Woodward, David (ed.). *Art and Cartography: Six Historical Essays*, University of Chicago Press, 1987. Para mais detalhes, consultar: Edgeston, Samuel. *The Renaissance Rediscovery of Linear Perspective*, Nova York, 1975.

** A primeira tradução para o latim da obra de Ptolomeu foi feita pelo florentino Jacopo da Scarperia nos primeiros anos do século XV.

Há ainda aqueles que evocam no nascimento da perspectiva em Florença outros elementos que deveriam ser considerados, como o papel central da praça na vida social urbana, a concentração do poder nas mãos de um "príncipe", o novo desenvolvimento do teatro, ou ainda a nova experiência arquitetônica florentina, que marcava uma ruptura com o ideário dos volumes e formas que caracterizavam os períodos precedentes, os quais, aliás, eram também praticados com mestria e excelência pelos artistas e arquitetos florentinos.* Quaisquer que tenham sido as razões, o resultado foi que essa visão se impôs com muita força como sistema de representação, como a principal forma de olhar a partir de então.** A noção de um ponto de fuga como a de um ponto de vista orientador do olhar, a indicação da direção que ele deve tomar, o jogo de proporções, distâncias e ângulos que esse sistema estabelece, o lugar do sujeito como espectador, enfim, todo esse conjunto forma uma era

---

* Sobre esse ambiente de mudanças e o processo de transformação artística, ver, por exemplo, Walker, Paul R.. *A disputa que mudou a Renascença. Como Brunelleschi e Ghiberti marcaram a história da arte*, Record, Rio de Janeiro, 2005.

** Sobre a relação entre a cena teatral e o urbanismo, ver, por exemplo, Claval, Paul. *Ennoblir et embellir. De l'architecture à l'urbanisme*, Les carnets de l'info, Paris, 2012.

O LUGAR DO OLHAR

coesa de triunfo da perspectiva. A imagem do espaço se estabiliza nesse sistema de representação durante toda a Modernidade.

Regimes de visibilidade definem o que vemos

Quando olhamos uma pintura egípcia, facilmente percebemos a distinção entre os sistemas de representação daquela sociedade e o nosso. Os egípcios tinham códigos muito severos e estáveis que regiam as representações. Por isso, temos tanta facilidade em reconhecê-la como imagens de origem egípcia. O rigor na obediência dessa unidade estilística foi também o segredo de sua longevidade durante tantos séculos. Como disse Boorstin, em 3 mil anos a arte egípcia mudou menos que a arte moderna em uma década.*

Os egípcios foram grandes produtores de imagens. A escrita em hieróglifos, por exemplo, é uma particular associação entre textos e imagens. Apesar disso, a arte egípcia nunca foi a expressão do talento ou da inspiração individualizada de um artista. As imagens não eram tampouco pensadas para ser apreciadas nem

---

* Boorstin, Daniel. *The Creators: A History of Heroes of The Imagination*, Random House, Nova York, 1992, p. 153.

para causar nenhum tipo de prazer ou deleite. As mais extraordinárias e grandiosas imagens se encontravam em tumbas ou em templos e não eram expostas às pessoas comuns. As imagens serviam como invólucros, como embalagens para preservar as pessoas depois da morte, serviam à posteridade. Descreviam, muitas vezes, cenas comuns e respondiam à ideia do caráter recorrente da vida e sua continuidade depois da morte.

A repetição sistemática e duradoura de alguns elementos e objetos gerou mesmo um relativo abstracionismo das formas. As cores também eram escolhidas segundo uma associação com um código rigoroso que diferenciava, mulheres, homens, deuses, o Nilo etc., e eram sempre aplicadas sem nuances, o que aumenta a sensação de superfície plana das figuras e representações. A estilização do corpo humano é, no entanto, a marca mais perene dessa arte pictórica antiga. O corpo humano é representado a partir de um código que dispõe rigidamente sobre as proporções das diversas partes do corpo. As unidades de medida são quadrados. O punho, por exemplo, corresponde a um quadrado; já a distância entre o ombro e o cotovelo é de três quadrados; entre o pé e o alto do joelho, de seis, e assim sucessivamente. As figuras em pé medem dezoito unidades e as sentadas, quatorze. Esses cânones se reproduziam nas

• O LUGAR DO OLHAR •

pinturas e nas esculturas e são respeitados em todas as imagens encontradas nos sarcófagos, nos templos, nas pirâmides e em todos os outros sítios, já que perduraram estáveis por muitos séculos. As pessoas são representadas em tamanhos diferentes (escalas, poderíamos dizer), segundo a hierarquia social entre elas. Outro traço característico é a regra de representar os corpos de forma frontal e os pés e as cabeças de perfil, o que gera, às vezes, em nós, apreciadores contemporâneos, uma impressão de um conjunto quase desarticulado, como se víssemos aquela figura a partir de vários ângulos.

É muito comum encontrarmos nos textos atuais sobre a arte egípcia o comentário de que eles não conheciam a perspectiva. Esses comentários traduzem talvez duas concepções. A primeira é aquela já bastante conhecida de que a história das artes, assim como a história humana, é constituída pela marcha progressiva em direção aos melhores resultados. Assim, as sociedades precedentes são sempre caracterizadas pela falta daquilo que hoje nós conhecemos e prezamos. A "descoberta" da perspectiva constitui, dentro dessa concepção, um passo adiante na arte da representação, que, assim vista, se estende do mais simples ao mais complexo ou mais completo.

Mais interessante, no entanto, do que essa simples constatação desse positivismo historiocêntrico, é a dificuldade que temos talvez de perceber as diferenças no programa proposto por cada um dos regimes de visibilidade. Se assim pensássemos, não diríamos que os egípcios não "conheciam" a perspectiva, diríamos, quem sabe, talvez simplesmente que a perspectiva não fazia parte dos elementos demandados por esse tipo de regime de visibilidade ou de representação.*

Argumentamos anteriormente que três elementos são fundamentais para a caracterização da visibilidade: a posição dentro de um contexto espacial no qual se inscreve o fenômeno; a morfologia do espaço físico em que se faz a exposição; e a presença de observadores sensíveis aos sentidos nascidos da associação entre o lugar e o evento. Resumindo: a visibilidade depende da morfologia do sítio onde ocorre, da existência de um público e da produção de uma narrativa, dentro da qual aquela coisa, pessoa ou fenômeno encontra sentido e merece destaque.

---

* Como nos diz Gombrich, toda forma de arte é conceitual e tem um programa que é o responsável direto pelo estabelecimento de seus interesses comunicativos a partir de suas variadas visões do mundo. Gombrich, E.. *Arte e ilusão*, Martins Fontes, São Paulo, 1986.

O LUGAR DO OLHAR

Podemos concluir, pois, que o regime de visibilidade da era moderna é completamente diferente daquele que foi brevemente aqui descrito para o Egito Antigo. Em relação às narrativas, parece simples compreender que elas encontram sentido nos contextos de cada período e sua interpretação mais consistente dependerá da capacidade de relativização. O grande pecado que não devemos, portanto, cometer é aquele já indicado anteriormente, de tomar uma posição autocentrada contemporânea.

Aqui o mais importante é perceber a diferença dos dois outros elementos – os observadores visados pelos dois tipos de visibilidade são completamente diferentes; a morfologia e o tipo de ambiente em que essas imagens estão expostas são carregados de valores muito diversos, quase opostos.

No programa de visibilidade proposto pela modernidade, há uma posição privilegiada e central do observador para a qual se organiza toda a representação. Todas as formas físicas devem ser representadas para proporcionar uma sensação de mimetismo com a realidade tendo em vista esse ponto de vista do observador, ou, como se diz comumente, o "ponto príncipe" de uma perspectiva. Tendo em vista esses dois elementos, imitação do real e posição central do observador, pode-se dizer que a perspectiva é um ideal desse programa. Da mesma forma, o jogo claro-escuro e as nuances das cores que dão uma sensação de volume pelo jogo das luzes figuradas são também elementos que acrescentam "realidade" às figurações. Nada disso faz parte do "programa" da arte egípcia, não poderia, portanto, ser um patamar desejado e ao alcance deles.

Finalmente, os lugares de exposição, suas configurações, circunstâncias e objetivos são evidentemente muito estranhos um ao outro nesses dois momentos. Na modernidade, as imagens competem pela visibilidade: quanto mais ampla, melhor. Quanto maior o público atraído para a contemplação das imagens, maior a sensação de que elas atenderam aos objetivos de fixar a atenção. Artifícios e estratégias variadas são largamente utilizados: mais realistas, mais chocantes, mais interativos, enfim tudo pode ser usado para atrair observadores para as imagens. Na arte egípcia, não há propriamente observadores, por isso não há, de verdade, exposição. As imagens são veículos entre dois mundos, não servem à contemplação, nem à admiração. Não precisam imitar a realidade, elas são as próprias pessoas e coisas.

Isso quer dizer que a figuração da distância, a posição relativa entre as coisas, suas proporções relativizadas

• O LUGAR DO OLHAR •

pelo grau de separação, seus volumes, a posição intervindo na incidência da luz e na conformação das cores, em resumo, as situações espaciais dessas coisas, são os elementos fundamentais do programa de visibilidade característico dos tempos modernos. Evidentemente, tudo isso está organizado segundo o ponto de vista preciso do observador.

O que vemos depende de onde o vemos e de como o vemos: o caso das fogueiras florentinas

No final do mês de março de 1498, a Praça da Signoria, em Florença, começou a ser arrumada para um grande espetáculo: um ordálio. Tratava-se de uma prova do fogo pela qual a intervenção divina livraria uma pessoa dos efeitos das chamas de uma fogueira e, dessa forma, seria possível demonstrar a proteção dessa pessoa e a justiça dos seus propósitos – sua inocência, sua razão em um debate, sua superioridade em um contencioso. Nesse caso, um frei dominicano estava se propondo a enfrentar uma imensa fogueira para demonstrar a impropriedade da condenação de outro frei, Savonarola, que havia sido excomungado pelo Papa, o qual exigia também sua extradição imediata para Roma.

Por volta das dez da manhã do dia marcado [7 de abril de 1498], e custando um bom dinheiro ao governo, foi erguida uma plataforma na praça governamental. Construída com troncos e pranchas, tinha quase 30 metros de extensão, 6 de largura e a altura de 2 metros. Os quatro lados eram fechados por tijolos. Montes de lenha foram dispostos em cada um dos lados, alcançando quase 1 metro de altura por uma extensão de 25 metros. [...] Os trabalhadores embeberam as madeiras com óleo, piche e resina, adicionando algo de pólvora, para que o fogo ardesse com mais força. [...] O que se seguiria seriam mortes ou um milagre.*

O personagem em questão, Savonarola, era bastante popular e gozava até então de um enorme prestígio na cidade. Seus sermões na grande catedral eram acompanhados por uma multidão e, nos últimos tempos, depois de suas pregações, jovens organizados em confrarias saíam às ruas, liam e distribuíam os textos de Savonarola, acendiam fogueiras, molestavam pessoas que estivessem vestidas com muito luxo ou sinais de "vaidade" excessiva e chegavam mesmo a invadir algumas

---

* Martines, Lauro. "Fogo na Cidade", *Savonarola e a batalha pela alma da Florença renascentista*, Record, Rio de Janeiro, 2011, p. 254.

• O LUGAR DO OLHAR •

casas em busca de provas materiais de condutas ímpias ou imorais. Savonarola tinha grande influência sobre eles e, por algum tempo, teve também certo controle sobre o Grande Conselho, órgão legislativo e executivo da república florentina, sediado no Palácio da Signoria, diante da praça. Surpreendentemente, esses acontecimentos em Florença na última década do século XVI correspondem muito pouco à imagem de berço e viveiro da Renascença que se associa à cidade nesse período.

Desde a queda dos Médici, Florença vinha passando por uma grande instabilidade política. Contribuiu também para isso a ocupação temporária da cidade pelas tropas francesas do rei Carlos VIII e a oposição papal aos novos dirigentes que sucederam Piero de Médici. A cidade, que havia sido a principal origem do movimento renascentista e contava com a presença de inúmeros grandes nomes reconhecidos como pioneiros desses novos tempos (Brunelleschi, Leonardo da Vinci, Botticelli, Filippo Lippi, Michelangelo, Pico della Mirandola, Maquiavel, entre muitos outros nomes bastante conhecidos das artes e das ciências), tinha, nos dez últimos anos do século XV, se transformado em um palco de grandes conflitos. A Praça da Signoria era o sítio central dessa agitação. Todos os acontecimentos reverberavam sobre ela: ali eles eram atualizados, apresentados e vividos e, mais importante, ali alguns desses conflitos nasciam.

De fato, outros lugares da cidade tinham forte presença nos eventos: o Convento de São Marcos, onde Savonarola residia; a Catedral de Santa Maria Del Fiore, ou o Duomo, como é mais conhecida, onde Savonarola fazia seus sermões; as residências das grandes famílias, sobretudo o Palácio dos Médici, ligado à catedral pela via Larga, que era também um local de grande afluência; o Bargello, ou Palácio Podestá, onde se procedia às prisões e punições; as portas da cidade; a praça do mercado e o Palácio da Signoria, sede do governo.

A Praça da Signoria, no entanto, concentrava o enredo de todas essas histórias que se passavam em diversos outros lugares. Na praça se espalhavam os bilhetes que protestavam contra a tirania do Conselho; nas paredes dos prédios que se abriam sobre ela podiam ser lidas inscrições murais que exigiam mudanças; na praça as pessoas se concentravam para comentar e discutir; na praça apareciam os personagens principais do drama; nela eram lidas as cartas abertas de Savonarola; também lá as pessoas comuns costumavam passear e se exibir.

Essas praças cumpriam uma variedade de funções. Eram pontos de encontro, cenários para estátuas e espetáculos,

• O LUGAR DO OLHAR •

trajeto de procissões e locais onde assistir a execuções, ouvir sermões, canções e discursos, admirar os edifícios públicos da cidade. Eram parte importante do que Jürgen Habermas chama a "esfera pública", que já existia nas cidades-repúblicas da Itália do Renascimento.*

Praças, portanto, cumprem um papel fundamental na vida urbana desde então. Elas mantêm forte identidade com a ideia do público que observa e se faz observar. Elas promovem também a ideia de que há uma quebra de ritmos que não é apenas morfológica. A abertura no tecido urbano causada pelas praças alarga o horizonte de visão, elas induzem à elevação do olhar e à permanência. São lugares onde se produz a vida urbana moderna, de reconhecimento da publicidade, maneira de ser e de conviver. Notemos que os espetáculos urbanos das praças na cidade moderna são compostos pela maneira de *ver*, de assistir e de participar dessa maneira de *ser*. Por isso, praças são também sítios de celebração dessa sociabilidade.

De qualquer forma, em muitos períodos e em muitas partes do mundo, praças raramente são encontradas.

---

* Burke, Peter. *O historiador como colunista*, Civilização Brasileira, Rio de Janeiro, 2009, p. 224.

As cidades europeias medievais, mesmo as do mundo mediterrâneo, não tinham o equivalente real da *agora* ateniense ou do *forum* romano. Elas tinham praças de mercado de formas irregulares, mas com pouco espaço vazio, mesmo diante da catedral. Foi só no Renascimento (no caso da Itália) ou no século XVII (no caso de Paris e de Londres) que esses oásis no deserto urbano apareceram. Antes do século XIX, as cidades do mundo islâmico geralmente careciam de praças, embora pudessem incluir uma *majdan*, um espaço amplo na periferia. As grandes cidades da China e do Japão também não tinham praças públicas. A hoje notória Praça de Tienanmen, em Pequim, é uma criação recente: um espaço foi aberto do lado de fora do portão da Paz Celestial para paradas, antes que fosse apropriado pelos estudantes para fazer manifestações contra o regime.*

O ordálio não foi realizado, a hesitação dos participantes e as chuvas no começo daquele mês de abril foram as principais razões alegadas para sua suspensão. Dois dias depois, em 9 de abril de 1498, Savonarola foi preso. Suas principais forças aliadas na cidade foram atacadas. Exatamente um mês e meio depois da última data

---

* Burke, Peter. *O historiador como colunista*, Civilização Brasileira, Rio de Janeiro, 2009, p. 226.

• O LUGAR DO OLHAR •

marcada para o frustrado ordálio, uma nova fogueira foi acesa na Praça da Signoria, Savonarola e mais dois condenados foram executados e queimados.

Ainda que todos esses acontecimentos que envolveram Savonarola lembrem em muitos aspectos uma ordem medieval, uma sensibilidade próxima daquela que havia sido predominante na Idade Média contra a qual justamente o humanismo renascentista fazia oposição, o espetáculo assistido na Praça da Signoria nesses últimos anos do século XVI não era mais visto e vivido como o fora antes. No dia da execução muitas pessoas de diferentes opiniões e posições em relação ao caso se apresentaram na praça, houve debates e um começo de tumulto entre diversas facções. Havia um público na praça, pessoas que vinham se manifestar, demandar reconhecimento, visibilidade. A praça era nesse momento uma arena de conflito e de diálogo. Ela foi também o espaço central do espetáculo da ordem republicana florentina, condenando e castigando a transgressão cometida pelo frade que queria governar pela força da fé e da emoção.

A configuração espacial não é mais a mesma, os comportamentos também não são, tampouco as significações. Definitivamente, a despeito de qualquer aparência, o espetáculo passado na Praça da Signoria não tinha mais nenhuma semelhança com os autos da fé promovidos em tempos anteriores. São os tipos distintos de regimes de visibilidade que constroem essa diferença.

O olhar caminha pela cidade

O século XVI marcou também um momento de grandes mudanças na cidade de Roma. Todo o prestígio passado e as legendárias glórias vividas pareciam fortemente ameaçados por um conjunto de elementos negativos que vinham comprometendo a imagem da cidade e sua centralidade cultural, política e até religiosa. Na própria península, Florença, cada vez mais próspera e criativa, atraía uma crescente atenção e admiração e dividia uma grande notoriedade com Veneza, que era o modelo de administração republicana, bem-sucedida, austera e justa. Enquanto isso, Roma era atacada pelo discurso da Reforma, que a associava à corrupção, à luxúria, aos desmandos e, consequentemente, à decadência da fé cristã.

A leitura integrada que une lugares a valores está entre uma das mais banais práticas usadas para caracterizar áreas. Comumente, nos referimos a alguns lugares com adjetivos muito conotados que agem como avaliações generalizadoras e unificadoras. Apesar dos muitos séculos

• 100 •

de triunfante história e do seu complexo papel no desenvolvimento da sociedade ocidental, Roma parecia esta naquele momento condenada a encarnar o sentido da queda e da decadência. Os relatos da época, a iconografia, a aparência pela qual a cidade se apresentava, tudo isso parecia se comprometer com esse imaginário que traduzia decaimento e declínio.

O muito erudito livro de Labrot, *L' Image de Rome* [A imagem de Roma], nos conta a história de como se organizou uma verdadeira operação de resgate da imagem da cidade e suas diferentes estratégias.* O livro destaca como as transformações e a organização da experiência do espaço urbano, sobretudo a experiência visual, constituíram elementos de base nessa operação dirigida pela Igreja católica como instrumento de consecução da Contrarreforma, claramente posta em prática pelo Papa Paulo III.

Segundo Labrot, nesse processo de reconstituição da imagem de Roma houve a compreensão de que, antes de ser vista, a cidade deveria ser redigida, descrita da seguinte forma:

---

* Labrot, Gérard. *L'Image de Rome: Une arme pour la contre-reforme 1534-1677*, Champ Vallon, Seyssel, 1987.

Antes mesmo da partida, a Igreja se apropria de sua visão, de seus deslocamentos e de suas reações, ela decreta que você verá o que quiser ver apenas depois de ver aquilo que você deve ver.*

Assim, tudo havia começado pela valorização da História urbana, sobretudo aquela descrita nos livros de Alberti e de Biondo sobre a evolução da cidade de Roma. Esses livros iniciaram a transição, tão cara ao espírito renascentista, do legendário ao histórico. A esses pioneiros clássicos se seguiu uma verdadeira febre de publicações com largos inventários das igrejas, dos palácios, das relíquias e das ruínas presentes em Roma. Foram feitas inúmeras reconstituições dos monumentos, dos sítios, da evolução de prédios e das ruas. A morfologia urbana, aquela presente e a pretérita, foi contextualizada, ganhou uma rica narração e iconografia. Um enredo comum parece sempre figurar nessas narrativas, a caracterização da passagem da gloriosa Roma à Roma moderna.**

---

* Labrot, Gérard. *L'Image de Rome: Une arme pour la contre-reforme 1534-1677*, Champ Vallon, 1987, p. 67.

** Giovanni Pannini produziu, em meados do século XVIII, duas telas, "Roma Antica" (Staatsgalerie, Stuttgart: http://migre.me/8LkmF) e " Roma Moderna" (Museum of

• O LUGAR DO OLHAR •

Os percursos urbanos foram minuciosamente estudados. Desde a entrada do peregrino na cidade a caminhada deveria receber a marca da ruptura da progressão do visitante em relação a todo e qualquer outro percurso ordinário a que ele porventura estivesse acostumado. Havia vários "métodos" de visita. As trajetórias eram classificadas de diferentes maneiras, ainda que tivessem sido mantidos alguns pontos necessários, como a visita às sete maiores igrejas. Tudo havia sido previsto nos detalhes. A ideia de que um determinado percurso sobre um espaço é capaz de gerar uma transformação profunda na pessoa que o cumpre é parte do que existe de mais tradicional nas religiões, que recomendam peregrinações, procissões, viagens iniciáticas etc.. O romeiro, ou seja, aquele que se dirige à Roma em peregrinação devota a partir do século XVI, tinha não só o percurso estabelecido, mas também a ajuda de uma espécie de "guia visual", que seria a garantia de produzir um determinado efeito sobre a sensibilidade. O deslocamento nesse espaço foi objeto de um largo programa que previa o que ver, de onde ver, como sentir e como

---

Fine Arts, Boston: http://migre.me/8Lkt4), nas quais essa oposição aparece como uma coleção de cenas dispostas em peças e quadros figurados em duas grandes galerias. Para mais detalhes, pode-se consultar também Gruet, Brice. *La Rue à Rome, miroir de la ville. Entre l'émotion et la norme*, PUPS, Paris, 2006, pp. 384-385.

compreender. Eis aí a bem-sucedida operação da renovada romaria a partir do século XVI.

Assim, segundo Labrot, o espaço deveria transmitir o funcionamento de um sistema binário de oposição: descontinuidade/continuidade; excepcional/normal; origem externa/origem interna; foco pontual/animação polifônica; muito espetacular/pouco espetacular; curto/recorrente. Esse sistema tem que ser construído espacialmente. De tal forma isso era importante que Labrot nos fala da fixação das imagens como em fotografias muito antes de elas terem sido inventadas.* O sentido é dado pelo lugar e por tudo o que nele está contido. As composições espaciais têm por isso especial importância nesse processo. Tudo deveria ser antecipado e visualmente analisado para o espetáculo da visita. Nessa operação se produziu muito material gráfico, quadros, plantas, gravuras. Como foi dito, a essa nova iconografia se juntava um novo conjunto de textos e de narrações que criavam novos sentidos e produziam novas sensações.

As formas ainda eram as mesmas, mas evocavam agora outros valores, não mais aqueles de declínio e queda. Até a pobreza urbana, que antes parecia um desafio a vencer, passou a ser concebida como

---

* Labrot, Gérard. *L'Image de Rome: Une arme pour la contre-reforme 1534-1677*, Champ Vallon, 1987, p. 183.

• O LUGAR DO OLHAR •

um espetáculo necessário e piedoso. Em suma, o olhar
se dirigia às mesmas coisas, mas o que se distinguia
como visível, como sensível, era bastante diverso. Nessa
operação, ensinava-se ao visitante a olhar com outros
olhos. O visível já não era a decadência, a usura do
tempo, as perdas — viam-se testemunhos de uma glória
que se reatualizava, via-se o espetáculo de um renascimento urbano, sentiam-se, através das formas espaciais,
da arquitetura, da decoração e do urbanismo, as
emoções de participar desse exaltado momento de
reencontro com a cultura cristã e de exaltação da fé.*
A Contrarreforma foi triunfante, Roma renascia.

O desenho se transforma em cidade

Nos primeiros anos do século XVIII, após fazer uma
longa viagem por várias cidades europeias, o Czar da
Rússia, Pedro I, conhecido depois como "o Grande",
decidiu construir *ex-nihilo* uma nova capital para seu

---

* Como bem disse Burke, por exemplo: "Praças barrocas em
particular são construções dramáticas com entrada, áreas inter-
mediárias e ponto culminante, para não mencionar a presença
de móveis urbanos, como estátuas e obeliscos." Burke, Peter.
O historiador como colunista, Civilização Brasileira, Rio de Janeiro,
2009, p. 224.

império, a cidade de São Petersburgo. Não era a primeira capital de um reino inteiramente construída, não era tampouco a primeira vez que as novas regras do desenho estabelecidas no Renascimento eram utilizadas no plano urbanístico. Era, no entanto, sem dúvida, uma das primeiras grandes experiências nessa escala de produção do espaço urbano no período da modernidade.* A nova capital, moderna e elegante, seria a porta aberta da Rússia para o mundo. O plano inicialmente era reproduzir a forma de Amsterdam, na Holanda, pela similitude do sítio, no delta do rio Neva. Logo depois, o arquiteto francês Leblond, foi encarregado de fazer um novo plano que levasse em conta todos os aspectos necessários a uma nova capital imperial. Desde os primeiros traçados, uma artéria principal, uma grande e larga avenida, estruturou os desenhos, a chamada "Perspectiva Nevski". Essa grande avenida começa naquele que foi o núcleo do plano urbano original,

---

* Algumas cidades italianas fizeram experiências seguindo as novas regras trazidas pelo desenho matematizado e geométrico da Renascença: Pienza, Urbino e Ferrara, por exemplo. Essa última construiu todo um novo bairro, com ruas largas, retilíneas e com perspectivas, mas essas experiências eram muito modestas quando comparadas ao plano urbano de São Petersburgo.

O LUGAR DO OLHAR

o Almirantado. Quinze anos depois da morte de Pedro I, em 1740, a Czarina Ana Ivanovna reforçou a centralidade da Praça do Almirantado pela implementação de duas outras Perspectivas: a Perspectiva Média (atual rua Gorokhovaya) e a Perspectiva Voznesensky, as três, juntas, convergindo para o mesmo ponto: a Praça do Almirantado.

Hoje a palavra perspectiva se transformou no vocabulário de São Petersburgo — "Prospekt", um sinônimo de grande avenida. A cidade, de fato, oferece inúmeros pontos de vista, de onde se descortinam palácios, monumentos, igrejas e outras construções extraordinárias. Um desses conjuntos arquitetônicos curiosos se encontra na Rua Rossi, do nome do arquiteto de origem italiana que a construiu, Carlo Rossi. Esse conjunto nos é apresentado como de proporções perfeitas entre as fachadas, os volumes e a largura da rua. Há um ponto preciso de onde se pode observar essa pretendida harmonia proporcionada pela justa medida. Quando nos postamos nesse lugar, o que vemos é uma síntese do programa de visibilidade traçado pela modernidade.

Dostoievsky disse, a propósito de São Petersburgo, lugar onde se passam seus romances, que era a cidade mais abstrata e mais premeditada no mundo. Ao interpretar o advento da Modernidade, Marshall Bermann, concordando com Francastel, reconhece na iniciativa do Czar Pedro I uma das grandes manifestações dos novos tempos. O tipo de desenho, a nova experiência do espaço, o lugar inédito designado aos observadores, tudo isso compõe um novo quadro físico para novos tipos de relação. Igualmente, as transformações de Paris no século XIX ou as de Nova York alguns anos depois continham os mesmos ingredientes: a concepção de pontos de vista, a profundidade do campo visual urbano, o alinhamento de elementos (as famosas varandas no segundo e no quinto andares dos edifícios haussemanianos) e, sobretudo, a nova experiência de convivência dos espaços públicos planejados ou renovados dessas cidades. A Modernidade redefine assim o quadro dos novos regimes de visibilidade, ou seja, o que deve ser mostrado, como deve ser mostrado, como olhar e, sobretudo, de onde olhar – o que ver.

É interessante comparar, ainda que muito rapidamente, o programa de Brasília a esses que foram evocados anteriormente. Uma primeira constatação é a da posição que, em geral, assumimos ao sermos apresentados ao plano-piloto de Brasília. Devemos olhar de cima e de uma considerável distância para vermos as formas dos dois eixos que estruturam a cidade, identificada como um "pássaro" (ou avião). Os eixos se cruzam, mas

O LUGAR DO OLHAR

a orientação Norte-Sul é flexionada, gerando geometria mais orgânica ou mais associada à topografia da área. A baixa densidade da área construída nos eixos centrais isola os palácios e monumentos. Eles parecem ter sido posicionados para serem vistos de longe e de passagem por pessoas que estão sempre em movimento nessas áreas. De cima da torre de televisão, vemos essa longa e vazia esplanada e só a partir dela é possível apreciar o triângulo isóscele desenhado pelos três palácios que sediam os poderes da República.

Enquanto isso, nas superquadras residenciais, o horizonte é contido, a uniformidade não interpela o olhar. Como bem foi diagnosticado pelo antropólogo Holston, Brasília é uma "cidade sem esquinas", mas também sem calçadas e quase sem pedestres.* Esse déficit de espaços públicos tem consequências diretas sobre a vida social urbana – onde encontrar pessoas? Onde vê-las?

A experiência urbana de Brasília não deixa dúvidas sobre as relações íntimas entre o desenho urbano e a sociabilidade, mas, sobretudo, não deixa dúvidas sobre as relações diretas entre esse desenho e a experiência visual a que ele induz, ou seja, o que deve ser mostrado,

---

* Holston, James. *A cidade modernista: uma crítica de Brasília e sua utopia*, Cia. das Letras, São Paulo, 1993.

PAULO CESAR DA COSTA GOMES

como deve ser mostrado, como olhar e, sobretudo, de onde olhar – o que ver.

Uma estetização do olhar: as paisagens

Um gênero de pintura tem recorrentemente sido contemplado com muita atenção pelos geógrafos: as paisagens.* Os motivos dessa valorização são quase óbvios: paisagens são representações de uma área. Elas colocam em cena formas, volumes, coberturas vegetais, acidentes geográficos (rios, cachoeiras, picos, vales etc.). Podem também mostrar áreas cultivadas, habitações, cenas triviais da vida social, entre outros elementos. Elas têm, consequentemente, relação direta com os objetos tradicionalmente trabalhados pela geografia e desde cedo os geógrafos encontraram nesse tipo de representação muito interesse. Há, na própria ideia de paisagem, uma dimensão composicional, ou seja, associação de coisas pela *posição* delas, que é uma das bases do raciocínio geográfico.

---

* Seria quase impossível enumerar todos os trabalhos sobre o conceito de paisagem em geografia. Para mais detalhes, consultar, por exemplo, Corrêa, Roberto L. e Rosendhal, Z.. *Paisagem, tempo e cultura*, EdUerj, Rio de Janeiro, 1998; ou, ainda, Claval, Paul. *La Géographie culturelle. Une nouvelle approche des sociétés et des milieux*, Armand Colin, Paris, 2003.

• O LUGAR DO OLHAR •

Paisagens são também definidas pelo ponto de vista, ou melhor, são o enquadramento do olhar, seu delimitador. Dependendo da posição em que nos encontramos, do ângulo, da distância, coisas diferentes aparecerão. Algumas parecerão mais importantes que outras simplesmente pela posição que ocupam naquela visada.

A extensão do olhar ao horizonte, a abertura do campo visual sobre uma área muito larga, é também responsável por uma sensação de poder. No final dos anos 1930, o já então todo-poderoso chanceler alemão Adolf Hitler resolveu reformar seu pequeno chalé em Berchtesgaden, nos Alpes Bávaros. Ele mesmo desenhou o plano da nova casa, conhecida como Berghof. O imóvel tinha, pela posição ou como diriam os arquitetos pela situação no terreno, vistas esplendorosas de todas as montanhas à volta. As paisagens montanhosas sempre estiveram entre seus temas preferidos nas pinturas. Em um mesmo ano (1938), ele adquiriu mais de nove quadros representando paisagens montanhosas. Em Berghof, o maior orgulho de Hitler era uma grande janela, que seria a maior janela retrátil do mundo, com um vão de 32 metros quadrados. A janela era como uma grande tela emoldurada e coberta pelo vidro – nas longas e sucessivas estadas no Berghof, quando Hitler era indagado sobre o isolamento e a distância propiciados pelas montanhas, respondia que não estava absolutamente isolado, pois possuía uma grande janela de onde ele olhava para todo o mundo.

A ideia de que pinturas de paisagens são como janelas abertas sobre o mundo não é nova.* No começo do Renascimento, nos quadros que têm como tema a Anunciação, muitas vezes são figuradas janelas abertas que deixavam antever jardins com flores, interpretados muitas vezes como signos indicativos da pureza e da virgindade de Maria. Esses jardins fechados, enquadrados pelas janelas, funcionavam como uma espécie de quadro dentro do quadro. A dualidade dos mundos, interno e externo, era solidária da dualidade entre o sagrado e o profano, e suas representações indicavam como esses universos duplos se projetavam um sobre o outro.

Na pintura holandesa, as janelas, às vezes, são o foco de luz que revela a cena interior. Entretanto, a partir do final do século XVI, cada vez mais essas "janelas" ganham autonomia estética e se tornam o enquadramento do mundo, a visão do exterior,

---

* Foi o arquiteto renascentista Leon Batista Alberti, autor de obras seminais de arquitetura, urbanismo e pintura, inclusive com a descrição do método da perspectiva, que se deve a frase de que uma pintura é uma janela aberta sobre o mundo.

o prazer da contemplação. Na Rússia é tradicional, parece que desde o século XVIII, que as janelas das casas sejam fartamente decoradas, como vistosas molduras, elas são concebidas como os "olhos" das habitações voltados para o mundo. As paisagens revelam exatamente esse ponto de vista.

Não parecem misteriosas as razões pelas quais esse gênero de pinturas de paisagens tenha, a partir do século XVI e XVII, se difundido com um imenso sucesso. Um novo olhar sobre o mundo estava se desenvolvendo. Nele se incluíam coisas de interesse que eram relativamente novas. Como nos ensina Gombrich:

> Na Idade Média, uma pintura sem tema determinado, sagrado ou profano, não era concebível. Foi somente quando a habilidade do pintor começou a merecer o interesse das pessoas que se torna possível vender um quadro que só visava a lembrar a impressão recebida de uma bela paisagem.*

A vida comum, as tarefas cotidianas, mas também o árduo trabalho nos campos, a simples transformação e ocupação das áreas passaram a ser temas suficientemente

---

* Gombrich, E. H.. *A história da arte*, LTC, São Paulo, 2002, p. 274.

interessantes para a contemplação a partir do advento do Humanismo renascentista. Essas novas imagens do campo ou de atividades urbanas substituíram o interesse pelos temas bíblicos ou mitológicos.

Paisagens também eram as formas de relevo extraordinárias, as grandes montanhas, os vales, glaciares ou a força dos elementos naturais, tempestades, grandes ondas, ventanias etc.. A contemplação e a valorização dessas imagens talvez sejam a tradução da ideia de desafio colocado pelas forças da natureza à humanidade.* Cabe aos homens com sua cultura, seu trabalho conviver e tentar superar essas condições naturais, às vezes, tão difíceis e adversas.

Há uma estética subjacente à paisagem que é a valorização do trabalho e da engenhosidade humana face à diversidade e, às vezes, às selvagens forças naturais. Também por isso as paisagens são imagens de um poder vitorioso. Nós as enquadramos, olhamos para elas de um ponto de vista aglutinador e amplo. Naturalmente, a perspectiva e as diferentes técnicas de colorido deram profundidade e realidade a essas representações. De certa forma, nós as aprisionamos pelo olhar. Hoje,

---

* É possível aproximar esse ideal estético à noção de "sublime", segundo uma concepção próxima do pensamento kantiano.

elas não estão apenas nos quadros, mas também em uma infinidade de lugares e suportes, nos descansos de tela, nos painéis colados às paredes como decoração, nas fotografias turísticas, nos cartões-postais, nas revistas, nas camisetas, mas também nos belvederes, nas tábuas de orientação, associadas a pontos de vista sobre monumentos emblemáticos etc..

Além desse sensível aprisionamento pelo olhar, a estética das paisagens nos oferece outra importantíssima possibilidade: o distanciamento. Os temas, às vezes bastante ordinários, tratados na paisagem, os lugares que conhecemos, pelos quais passamos, tudo isso ganha uma dimensão nova quando os vemos sobre um suporte imagético. Assim, é comum que a representação no cinema, ou em um quadro de uma área que conheçamos nos instigue e excite. O mesmo ocorre quando subimos a um ponto de vista e contemplamos à distância e sobre outro ângulo lugares por nós, às vezes, muito conhecidos.

De fato, uma consequência direta da representação de paisagens negligenciada é esse distanciamento. Ao ser figurada, fixada sobre um suporte, aquela imagem se oferece como elemento de contemplação. Em outros termos, essa apreciação denota que aqueles elementos merecem atenção – eles ganham visibilidade. Ainda que sejam, muitas vezes, coisas associadas à vida comum e cotidiana, esses fatos e eventos, quando são assim figurados, esteticamente expostos à nossa atenção, ganham uma nova dimensão, ganham relevância – o ordinário se transforma em extraordinário.

Podemos, em seguida, facilmente completar dizendo que essa visibilidade não se dirige apenas ao prazer estético, ela interpela também a capacidade que temos de entender aquilo que está sendo figurado. Como foi dito anteriormente, aquilo que é exposto ou exibido se oferece ao olhar de um público, e esse público é convidado a produzir julgamentos e compreensões.

Isso quer dizer que o interesse pelas paisagens como tema das pinturas no século XVI, sua estabilização em um gênero, indica que esses elementos reunidos nessas cenas são objetos de contemplação, mas eles compõem igualmente algo que passa a desafiar nossa compreensão. A figuração das paisagens é o sinal de que aqueles elementos representados se tornaram assuntos que se oferecem à nossa reflexão. A paisagem, em sua forma moderna de representação, é um tema de estudo, portanto, desde o século XVI. Sem dúvida, esse interesse é correlato ao interesse também renovado nesse mesmo período pelo estudo da geografia, testemunhado, por exemplo, pela popularidade das cosmografias e dos relatos de viagem. Um mundo novo se apresentava, novas formas de representação dele apareceram e, por conseguinte, novas formas de olhá-lo e de analisá-lo também se desenvolveram. Esse talvez seja um ingrediente importante para compreendermos o sucesso do aparecimento da Geografia Moderna.

O distanciamento é uma qualidade bastante valorizada nesse tipo de representação moderna através da perspectiva. A perspectiva nos indica que aquilo que vemos está organizado para ser olhado daquela forma. As coisas ordinárias são extraídas do fluxo do olhar, são fixadas, distanciadas e perspectivadas. Elas são assim oferecidas ao olhar atento e interpelador. Essa é a magnífica qualidade que os objetos estéticos têm para nós. Eles podem nos dar a oportunidade de refletir, estão separados da nossa experiência comum, mesmo quando se referem a ela.

Toda observação pressupõe distância. A distância é uma questão de posição. A posição é uma questão de lugar no espaço

Em 2002, o filme de Fernando Meirelles, *Cidade de Deus*, alcançou grande repercussão e foi objeto de muitos debates. O filme conta a história de um lugar e de como ele vai se modificando em paralelo com as modificações dos personagens e de seus comportamentos. Só por isso esse filme já seria de interesse para uma análise geográfica. Ele pode também, no entanto, ser a oportunidade de discutirmos certo imaginário espacial relacionado à cidade do Rio de Janeiro. Esse é o ponto que queremos trazer aqui.

Um dos principais temas trazidos pelo roteiro como elemento transformador na vida desse conjunto habitacional foi a introdução, a partir de certa época, do tráfico de drogas como uma atividade dominante naquela área. No filme, a narração dessa transformação é claramente apresentada na voz do narrador do filme, enquanto na tela apreciamos uma mesma sala de um apartamento. Essa sala é filmada sob um mesmo ângulo, a uma mesma distância, e assistimos, em ritmo acelerado, à sua transformação gradativa. Para um observador com sensibilidade geográfica, essa cena é antológica – não aponta ela aquilo que muitos de nós geógrafos insistimos em afirmar, às vezes sem muito êxito, sobre a concomitante transformação dos espaços e das ações? Não demonstraria essa cena de forma concisa e poderosa justamente a dependência dialética entre a organização do espaço e a organização social?

Na geografia, passamos, às vezes, horas argumentando, escrevemos muitas páginas para tentar dizer que o espaço não é um mero reflexo da sociedade, que ele não é determinado por ela, ele é uma condição necessária para que a sociedade se organize e consiga viver sob determinadas formas, ele é um elemento estrutural e estruturante. Tudo isso está contido em uma pequena sequência de alguns poucos minutos. Eis o poder da imagem.

Para que esse poder se realize, é preciso, no entanto, que haja uma reflexão que, embora partindo da imagem, se estenda para além dela. O poder das imagens existe mesmo quando elas não mais estão presentes. É simples constatar que o impacto de um filme não se extingue na vigência de sua exibição. Talvez, ao contrário, ele seja exatamente mais forte quando nossa atenção não se encontra mais monopolizada pela apresentação das ininterruptas imagens que o compõem.

A apreciação de um filme, ou a simples contemplação de uma imagem, constitui por isso um convite a pensar, constitui um veículo que nos distancia da experiência primitiva e, por isso, pode nos induzir a nos elevarmos em direção a uma posição mais abstrata.* O ponto

---

* Cabrera apresenta a ideia de *conceito-imagem* para demonstrar como é possível experimentar sensações, ser apresentado a problemas de forma complexa sem apelo à forma escrita, mas

de vista do observador diante de uma imagem em exposição distancia e interpela.

Esse distanciamento é também distância da intenção criadora. Podemos e devemos ver coisas que não foram concebidas explicitamente pelos realizadores como elementos do conteúdo. Assim, por exemplo, quando assistimos a um filme, a despeito da intenção do autor, podemos nos perguntar como compreendemos aquela história. A exposição sobre um suporte nos oferece a oportunidade de construir um novo ponto de vista.

No filme *Cidade de Deus*, por exemplo, há um ponto de vista explicativo central: o papel do tráfico de drogas nas mudanças da vida social daquela localidade. Esse ponto de vista aparece em diversos momentos e sob diferentes aspectos: mudança nas cores relativas aos dois momentos descritos pelo filme; mudança na morfologia do espaço, no começo, casas uniformes e pouco adensadas, depois becos e ruas estreitas; mudança nas relações familiares e em suas locações, mudança no comportamento dos personagens etc.. Há, por assim dizer, uma repetição desse argumento central dentro de vários aspectos narrativos.

---

sim por meio de imagens. Ele indica também que esse exercício é comumente utilizado nos filmes que constroem ou propõem temas para a reflexão. Cabrera, Julio. *O cinema pensa: uma introdução à filosofia através dos filmes*, Rocco, Rio de Janeiro, 2006.

Uma cena particular chama a atenção pois confirma o argumento sem, no entanto, repeti-lo. Essa cena introduz uma relativização importante, mas, simultaneamente, ratifica a explicação geral trazida pelo filme. Mais importante ainda para os propósitos sustentados aqui, essa relativização é construída tendo como elemento de base um espaço: a praia.

Um grupo de jovens está na praia. Alguns são provenientes da Cidade de Deus, outros são jovens, provenientes dos bairros de classe média da Zona Sul da cidade do Rio de Janeiro. O clima entre eles é de integração e amizade. Um cigarro de maconha é dividido por todos eles. Essa cena é um dos raros momentos em que as locações foram feitas em uma área aberta fora da Cidade de Deus. Essa cena é uma das únicas em que a droga aparece em um contexto positivo.

Pensemos então no imaginário espacial que habita a cidade do Rio de Janeiro. Em torno das praias da Zona Sul, foram construídas imagens associadas a um hedonismo moderno, um estilo de vida confortável e uma convivência prazerosa e pacífica. Durante os anos da ditadura militar, sobretudo a partir dos anos 1970, essas praias e a sociabilidade que ali se desenvolvia eram vistas como *locus* de resistência ao regime político vigente nessa época. Assim, comumente vemos essas praias como território da liberdade, da democracia e do diálogo entre diferentes grupos sociais. A escolha da locação para a cena citada segue essa compreensão.

De fato, nem tudo isso está dito, nem é necessário. O imaginário é composto de muitas imagens, nem todas precisam estar presentes, como antes dissemos.* Elas fazem parte de uma coleção de imagens que se remetem umas às outras. Nem todos têm a mesma familiaridade com esse imaginário. O exemplo do filme nos faz pensar que, ao reproduzi-lo diante de diferentes plateias, as leituras podem ser sensivelmente diversas. Para aqueles que conhecem essas praias e participam desse imaginário, o fato de vê-lo em exposição, em plena operação na produção de sentido, pode ser uma chance para

---

* Imaginário aqui corresponde a um conjunto articulado de imagens do qual são extraídas e produzidas significações. Essa acepção é muito diferente daquela atribuída por Gilbert Durand e sua escola a esta noção. Para eles, imaginário corresponde a toda dimensão do pensamento que utiliza outros instrumentos, diferentes da racionalidade. Quando nós utilizamos essa noção de imaginário, todavia, estamos incluindo os conceitos e ideias que organizam nossas formas de pensar, apreciar e compreender objetos e fenômenos, e nessa organização os ingredientes fundamentais são o raciocínio e a lógica, portanto, acreditamos que a racionalidade está presente nesse imaginário e que é ela, aliás, que permite, autoriza e legitima a interpretação que fazemos.

repensá-lo. A distância entre o observador e sua cotidianidade exposta sobre uma tela é a oportunidade para obter um olhar distanciado.

Não necessariamente entraremos em desacordo com o sentido mais comum veiculado por essas imagens, ou seja, nesse caso, não queremos dizer que as praias cariocas não sejam um terreno onde as pessoas vivam essa sensação de liberdade e democracia. Afirmamos apenas que esse lugar, associado a esses valores, não é um dado, e essa associação pode ser repensada, refletida e, eventualmente, contestada, ou não. Nessa posição de exterioridade e distância podemos refletir sobre valores, condutas e significações, reflexão que nos é impossível quando participamos diretamente dos eventos ou quando nos encontramos imersos em um dado imaginário.

Esse talvez seja o maior interesse em trabalhar na geografia com esses objetos da cultura, filmes, romances, fotos etc.. Não lhes retiramos sua liberdade ficcional, não os tomamos como representações fidedignas de uma pretensa realidade. Nós os tomamos como uma rara oportunidade de discutirmos nossos valores e nossas condutas através do recurso a esse distanciamento. Quando observamos os lugares no cinema, na literatura, nos quadros, devemos pensar sobre eles, com eles, mas exercitando a reflexão que a distância do olhar pode nos oferecer.

Fiat lux: a sala de projeção é um mundo

O hábito tão banal atualmente de assistirmos a uma sessão de cinema envolve de fato inúmeros elementos sobre os quais raramente pensamos.* Entramos em uma sala escura, de cadeiras enfileiradas, alinhadas diante de uma tela, e nos dispomos a permanecer sentados e muito atentos durante um grande intervalo de tempo. Toda a atenção deve ser dirigir à luz que projeta imagens sobre essa tela branca. Ao tomarmos um lugar na sala de projeção, aceitamos o isolamento físico, acústico e visual proposto pela situação e a arrumação da sala. Mais do que simplesmente aceitar, desejamos esse insulamento, e qualquer intervenção externa ao que é projetado nos incomoda, seja, por exemplo, uma conversa dos eventuais "desatenciosos", seja a luz proveniente das

---

* Neste texto, quando nos referimos ao cinema, ou às produções cinematográficas, estamos nos atendo somente aos filmes de formato próximo daquilo que é oferecido nos principais circuitos e classicamente exibidos ao público. Por isso, daqui estão excluídas todas as iniciativas experimentais, tanto em relação à produção quanto às formas de exibição. Essa escolha se deve simplesmente ao recorte do tema e à possibilidade de trabalhar com experiências mais gerais e conhecidas.

telas dos telefones celulares se abrindo no escuro da sala, seja simplesmente o ruído do invólucro de uma bala sendo removido. Qualquer elemento externo ao som e à imagem que são emitidos pela projeção pode perturbar nossa concentração, que na sala de cinema deve ser integralmente dedicada ao que se passa na tela.

É simples compreender a razão dessa sensibilidade a tudo que não está previsto na projeção. A explicação reside no perfeito inverso – tudo o que aparece na tela está previsto e, por isso, é relevante, tudo o que aparece na tela colabora na produção de sentido. Em outras palavras, espectadores do cinema são colocados em uma posição de observadores virtuosos, quase perfeitos, de uma exposição que é, ela também, em princípio virtuosa, pois mostra somente aquilo que deve ser visto, seguindo uma determinada ordem, rigorosamente respeitada.

Faz parte do anedotário tradicional sobre os primeiros tempos do cinema narrar a sensação de pânico de algumas pessoas diante da projeção das imagens feitas pelos irmãos Lumière de um trem se deslocando, mas que podia gerar a impressão de que o trem estava

se dirigindo diretamente sobre o público espectador.*
O que é bem menos comentado é o fato de que essas pessoas viveram, no entanto, no minuto seguinte, a sensação disjuntiva de uma imagem que, embora tivesse toda a aparência de realidade, não tenha produzido o mesmo efeito do real. Esse é um dos aspectos mais sedutores das imagens, elas podem "fazer como se fossem, sem serem". Um símbolo desse problema é o quadro do pintor belga Magritte, que, sobre a imagem de um cachimbo pintado realisticamente, escreveu: – "Isto não é um cachimbo."** Para esse artista, uma imagem nunca deve ser confundida com um aspecto do mundo real, nem com alguma coisa tangível. Uma imagem é uma imagem, um jogo de similitudes que pode servir para tornar visível aquilo que é invisível, um pensamento.***

A experiência estética nos permite viver muitas sensações de forma intensa, sem o peso da irreversibilidade

---

* Trata-se do filme *L'Arrivée d'un train en gare de Le Ciotat*, de 1896, uma das primeiras realizações de cinema exibidas ao público.

** Los Angeles Country Museum of Art: http://migre.me/8HvDf. – "Ceci n'est pas une pipe"[Isto não é um cachimbo], R. Magritte.

*** Uma interessante discussão sobre esse quadro pode ser encontrada em Foucault, Michel. *Isto não é um cachimbo*, Paz e Terra, Rio de Janeiro, 2008.

• O LUGAR DO OLHAR •

dos eventos autênticos: "é como se fosse sem verdadeiramente ser." Essa experiência é preciosa pois coloca o observador em uma situação de irreal realidade, ou como se diz comumente hoje de "realidade virtual". Como vimos, para que essa experiência se construa no cinema é necessário em primeiro lugar um ambiente físico dotado de alguns atributos: posicionamento das cadeiras e da tela de forma a criar uma direção e um ângulo preciso para o olhar do observador, acompanhado de um estrito isolamento acústico e visual da sala. Em segundo lugar, é necessário contar com a máxima concentração do observador durante todo o período da projeção. Satisfeitas essas condições, o espetáculo pode se colocar em marcha. A imobilidade do observador é gratificada pela sensação de mobilidade criada pela sucessão de luzes sobre o espaço da tela, ela também fixa. O cinema é a impressão de movimento pela sequência no tempo de imagens projetadas sobre um mesmo espaço. Por isso, o olhar pode se fixar exclusivamente sobre a tela. Por isso também esse olhar é sempre atencioso, é um olhar que vê tudo.

A exposição das imagens segue uma ordem preestabelecida que deve ser rigorosamente mantida. Essa ordem é produtora de sentido tanto quanto aquilo que é mostrado. Em outras palavras, a construção de sentido no cinema se estabelece através de dois simultâneos circuitos, as cenas individualmente consideradas e a associação entre elas pela sucessão e pela ordem do desfile das imagens. O tipo de exposição promovida pelo cinema descreve e narra, simultaneamente.

Dessa forma, tudo que aparecerá nas imagens tem coerência e deve produzir sentido no conjunto. Às vezes, temos que atentar para detalhes; devemos também, no entanto, estar muito atentos aos cortes e as sequências; outras vezes, são os planos demorados que nos fornecem as chaves de interpretação; outras ainda trabalham a iluminação ou a escolha da locação em um determinado ambiente, o que nos comunica uma impressão, uma sensação que nos prepara para as cenas seguintes – o som colabora para o andamento e a compreensão, seja pela música ou pelo som direto, sem falar nos diálogos. Tudo concorre para produzir sentido. O cinema é um mundo.

Ele se distingue de outras formas de veiculação de imagens pois irremediavelmente promove uma exposição que gera nova síntese entre a descrição e a narração. Nas imagens, há uma composição formada por tudo que nelas aparece, ou como foi dito antes, uma relação estabelecida pelas respectivas posições das coisas através da copresença sobre um mesmo plano.

Essa relação entre as posições produz sentido. A análise de um fotograma de um filme pode nos mostrar muito sobre as deliberadas escolhas de enquadramento, iluminação, posição da câmera etc. – câmera fixa, em *plongé*, em *contre-plongé*, subjetiva, grande plano geral, plano geral, plano de conjunto, plano médio, *close-up*, plano de detalhe, plano americano, ângulo baixo, ângulo alto, movimento em panorâmica, *traveling*, *dolly*, *zoom*, profundidade do campo, tomadas externas, internas, luz natural, direta, indireta, composições piramidal, em regra de três, simétrica, perspectiva, panorâmica – são algumas das opções que combinadas geram uma infinidade de efeitos e produzem complexos significados.

Essas imagens cumprem assim um processo descritivo na apresentação dos detalhes, na aproximação e na posição daquilo que está simultaneamente presente, ou seja, em tudo aquilo que se mostra. Ao mesmo tempo, pela sucessão de imagens nas sequências, por meio da transformação das composições nas cenas, se tece um fio narrativo que circula e também produz sentido. Mais uma vez, como já dissemos, no cinema há uma necessária fusão entre o mostrar e o contar.

O regime de visibilidade estabelecido pelo cinema é muito intenso, é pleno, é integral. O olhar não pode se distrair, tampouco a atenção e a concentração. Quando assistimos a um filme, sem nos darmos conta, realizamos um intenso trabalho mental de análise e compreensão que mobiliza intensamente nossos sentidos e nosso raciocínio. Integramos imagens e eventos, estabelecendo rapidamente coerência entre eles. A exposição proposta pelo cinema é composta pelo desfile de imagens, que são todas registradas pelo observador.

É desse incrível potencial de visibilidade que se valem alguns cineastas para trazerem "pontos cegos" do nosso cotidiano ou dos nossos imaginários para outro regime de percepção. O cinema é assim um dos veículos capazes de mudar nossos pontos de vista habituais ao mudar o regime de visibilidade, de coisas, pessoas e fenômenos. As condições de distanciamento tanto estético quanto de ponto de vista, o lugar do observador e o potencial de visibilidade estrategicamente operacionalizado pelo modo de exposição fazem com que o que é exposto nas imagens exibidas em uma sala de projeção não possa deixar de ser visto.

Ao mesmo tempo, entretanto, e essa é uma das grandes armadilhas do cinema, há um ponto de vista narrativo, uma seleção justamente daquilo que deve ser visto e de como deve ser visto em detrimento de outras possibilidades e, dessa forma, irremediavelmente, novos "pontos cegos" são produzidos. Voltando às três

• O LUGAR DO OLHAR •

condições que contextualizam a visibilidade – a morfologia, a posição do observador e a narrativa –, podemos facilmente constatar que, ao vermos um filme, estaremos submetidos aos dois primeiros que se oferecem à força demonstrativa da narrativa trazida pelo filme durante sua projeção, mas poderemos sempre reagir desconstruindo e reconstruindo sentidos desde que nossas posições originais mudem.

Por conseguinte, isso deveria sempre conduzir o observador a refletir após o filme sobre o que foi visto e como aquilo foi mostrado. Tomado dessa forma, um filme pode ser um precioso objeto de discussão, sobre o que ele mostra e sobre o que não mostra, como mostra e como poderia ser mostrado. Em outros termos, o que o filme descreve e o que ele narra e a coerência que ele constrói entre essas duas atividades.

A condenação das imagens é também um ponto de vista, uma posição dentro de um sistema espacial

O que acabamos de dizer sobre as preciosas possibilidades de reflexão suscitadas por um filme no momento posterior à sua projeção não deve, absolutamente, ser tomado como um argumento suplementar dentro da já tão vasta e comum desconfiança sobre o poder maléfico das imagens, ao contrário. A desconstrução daquela ordem narrativa, daquele mundo coerente trazido pelas imagens e por sua organização sequenciada, por exemplo, em um filme é possível justamente porque nos colocamos diante delas sem que tenhamos que aderir obrigatoriamente aos sentidos por elas trazidos. A posição à distância nos convida e nos permite a reflexão. É verdade, entretanto, que essa reflexão não nos é imprescindível nem imposta, mas é sempre possível. A reflexão crítica é inteiramente facultativa.

Muitas vezes, o sentido narrativo buscado pelas obras procura coincidir com aquilo que já é mais comumente estabelecido, talvez por comodismo, por vontade de facilmente agradar ou por procurar uma confortável situação consensual. As linhas narrativas dos filmes, os estilos dos quadros, os sentidos buscados por determinados tipos de representação mantêm, em geral, constância e compartilham de uma compreensão já bem estabelecida. Exatamente por isso, essa pode ser uma magnífica oportunidade de repensar e, talvez, contestar esses sentidos que também nos habitam, mas que, por não termos comumente o recuo suficiente, nem sequer consideramos suas validades.

Ninguém é obrigado a concordar com os sentidos produzidos pela narrativa trazida por um filme. O tema

• O LUGAR DO OLHAR •

que ele aborda, no entanto, assim como o tratamento que ele dá ao tema, sua proposta de compreensão, tudo isso passa a ser exposto ao julgamento, ao exame distanciado, à crítica. Quando nos conformamos ao que foi apresentado, isso pode ser simplesmente sintoma de preguiça mental, desinteresse ou, de forma mais consistente, manifestação de verdadeira e pensada adesão. A projeção de imagens constitui, no entanto, sempre a oportunidade de refletirmos sobre esse tema e de nos posicionarmos criticamente sobre ele.

Aqueles que querem ver na exposição das imagens um poder quase absoluto de convencimento e de submissão dos espectadores são movidos, em sua maioria, por uma muito pretensiosa convicção. Acreditam que conseguem ver mais do que a maioria, adivinham intenções, denunciam obscuros objetivos, rebatem qualquer outra possível interpretação. De fato, partem de uma posição de superioridade, se postam em um plano acima da visão e da compreensão dos outros, a quem eles hipoteticamente atribuem que aquelas imagens se destinam a enganar. Só eles conseguiriam "ver" as verdadeiras intenções, escondidas nos subterrâneos das narrativas. Há nesse comportamento uma verdadeira "geografia" definida por uma posição "espacial" que deixaria esse observador em vantagem para ver aquilo que os outros não enxergam, e dessa posição privilegiada ele discursa e desvela aquilo que sorrateiramente se esconde, invisível a todos os outros.

Dessa elevada posição, ele se coloca supostamente no mesmo plano daqueles que, interessadamente, procuram se beneficiar da manipulação das imagens. O paradoxo dessa postura de superioridade é maior quando esse observador diz ser movido pela democratização do acesso aos verdadeiros sentidos, contra as elites que produzem essas imagens cheias de maldosas intenções – transformam assim suas conjecturadas posições de superioridade, nas de um herói libertador. Recorrendo utilmente à metáfora do campo visual, podemos dizer que, quando vistos sob esse ângulo, o que aparece com clareza nesses "observadores" é o desprezo que sentem pela maior parte das pessoas, imaginadas como inferiores e incapazes de "ver com verdade".

O que ocorre comumente é que esse cume, de onde esse suposto observador privilegiado crê estar situado, foi alcançado através do uso de esquemas narrativos fechados e preconcebidos. Não houve uma reflexão com as imagens e sobre as imagens; há um julgamento *a priori*, esquemático e limitado que se acomoda a qualquer necessidade de compreensão nova que se coloque. Interessante é perceber que a figura dos passivos

• O LUGAR DO OLHAR •

e impotentes espectadores que essas convicções colam acusadoramente sobre a maioria do público são muito mais adaptadas ao próprio ofuscamento que eles adquirem e obstinadamente empregam. Se quisermos adotar um tom menos contundente, digamos que esse comportamento, que nos impede de aprender a refletir a partir das imagens, é no mínimo empobrecedor e problemático.

Por que então essa visão tão caricata e elitista consegue obter adesão e popularidade? Parece que ela conta com um forte amparo na suspeita que nos habita comumente: as imagens mentem. Eis uma das acusações mais facilmente aceitas, sem muitas justificativas ou demonstrações. Há, de fato, uma verdadeira tradição e uma longa história nessa convicção.

As imagens sob suspeita

Em 1998, no Afeganistão, o regime dos talibãs (fundamentalistas islâmicos), pouco tempo depois da tomada do poder, destruiu a cabeça daquela que seria a maior estátua de Buda em pé, considerada patrimônio mundial pela Unesco. Três anos depois, todo o resto do grupo escultórico foi bombardeado e demolido. A explicação para essa atitude era o combate à idolatria.

Esse ato é um episódio a mais em uma longa série de eventos, momentos de crise em relação às imagens, as iconoclastias. As mais conhecidas são a do islamismo no século VII, a bizantina, começada no século VIII, e a protestante no século XVI, mas em inúmeras outras ocasiões foram declaradas guerras às imagens. A adoração de imagens é vista como um comportamento desviante e tem um sentido de substituição e de engano. As três religiões do livro – islamismo, cristianismo e judaísmo – condenam veementemente a idolatria. Está inscrita a interdição no Decálogo, palavras de Deus escritas na pedra; está descrita no Corão, transcrição literal das palavras de Deus recebidas pelo profeta Maomé.* Para essas três religiões, Deus está gravado nas palavras, mas não pode ser fixado em imagens. Talvez se origine disso o fato de que, em geral, em nossos mais comuns imaginários, a verdade nos possa ser revelada através das palavras e se esconda sempre nas imagens.

A palavra *idolatria* é etimologicamente apresentada como composta em grego por *eidolon* (imagem) e *latreia*

---

* O ato fundador da nova religião islâmica foi a invasão de Meca por Maomé e seus seguidores e a destruição dos ídolos da Caaba, em 630 d.C.

• O LUGAR DO OLHAR •

(adoração). A palavra *iconoclastia* é etimologicamente apresentada como composta em grego por *eikon* – (imagem) e *klastein* (quebrar). Um primeiro problema a ser discutido é essa dupla tradução do grego da palavra imagem, *eidolon* e *eikos*. De fato, parece que a palavra *imago*, do latim, da qual derivou imagem, reuniu diversos sentidos que em grego tinham alguma distinção. *Eidolon* provém do verbo "ver" e se refere àquilo que vemos, reflexo de algo que existe, como sombra, como sósia, como repetição, enfim, trata-se de um duplo, que substitui a ausência pela ilusão do olhar. Define-se também pela oposição a *eidos*, proveniente da mesma raiz, e que se refere àquilo que é, o ser ou sua essência. O outro vocábulo que também traduzimos como imagem, *eikon*, tem a conotação de "ser semelhante". Trata-se de uma imitação, uma reprodução que, embora tenha diferentes graus de semelhança, não substitui jamais inteiramente o original, é algo que remete a alguma coisa sem procurar substituí-la inteiramente.

Além desses dois vocábulos, os gregos usavam ainda outros que têm sentidos reagrupados em nosso vocábulo imagem: *phantasma, emphasis* e *tupos*. O primeiro foi correntemente traduzido como simulacro, mas o sentido mais próximo talvez seja o de cópia, aquilo que se mostra, uma aparência que não procura substituir o que é. Já *emphasis* vem da mesma raiz de *phantasma* (de *phainesthai*). É também um efeito visual, mas tem um sentido daquilo que se mostra em outra coisa, como a imagem imprecisa e secundária de algo. Finalmente, *tupos* significa pegada, marca, ou seja, formas de algo ausente que se imprime, rastros.* Percebemos nesse conjunto de sentidos contido em nosso vocábulo *imagem* uma tensão estrutural entre a visão daquilo que é, a essência, contra aquilo que parece ser, ou se assemelha sem ser, a aparência. É essa tensão que caracteriza nossa relação com as imagens.

Da Antiguidade grega até os nossos dias, o entendimento das imagens também sofreu imensas modificações pelas sucessivas teorias físicas da ótica. Esses avanços da física também consagraram outra grande tensão entre existência e visibilidade. Finalmente, hoje vivemos outro grande campo de tensão entre as imagens — imagens que são uma representação material e aquelas que são representação mental. Que relações existem entre esses dois tipos de representação? Que independência é possível entre eles? Não esqueçamos que *specie*, em latim, ver, observar, fornece a origem de espectro, mas também

---

* Todas essas informações foram retiradas de Mugler, Charles. *Dictionnaire historique de la terminologie optique des grecs. Douze siècles de dialogue avec la lumière*, Klincksieck, 1964.

• O LUGAR DO OLHAR •

de especular (no sentido de pensar, refletir) e de espetáculo. Aliás, *specula* em latim significava um lugar, em geral mais alto, de onde se podia observar e refletir.* Não nos esqueçamos tampouco que as raízes etimológicas de simulacro (cópia, imitação) são as mesmas de similitude (analogia verdadeira e próxima) e simulação (falsificação, aparência enganosa).

A atribuição de um valor negativo ou positivo às imagens não pode ser diretamente associada a um período. Na modernidade ocidental recente, sua apreciação, por exemplo, parece variar bastante, segundo a época, o campo de atividades ou a posição política de quem as aprecia. Martin Jay, por exemplo, afirma que os pensadores comprometidos com o Iluminismo mantinham um forte otimismo em relação ao papel da visão na produção do conhecimento e até o século XIX essa concepção positiva do olhar teria sido predominante em grandes domínios das ciências. No século XX, no entanto, houve uma crescente desconfiança difundida, sobretudo, por alguns autores franceses muito influentes: Jean-Paul Sartre e sua concepção sobre o "olhar do outro", a demonização do espetáculo por Guy

---

* Dicionário Gaffiot. *Le Gaffiot numérisé.* www.prima-elementa.fr/Gaffiot/Gaffiot-dico.html.

Débord, a crítica antiocular de Althusser, a ideologia do visível de Commoli ou o pan-óptico de Foucault são para Jay sintomas dessa desconfiança que se generalizaria.*

Mais do que somente os franceses, a hermenêutica da suspeita, trazida pelas ideias de grandes pensadores que marcaram o século XX, como Marx, Nietzsche e Freud, pode ter contribuído para essa postura dominante. De fato, é muito difícil encontrar uma origem e, como já foi dito antes, essa tensão entre o fascínio e a repulsa pelas imagens parece ser uma marca, um estigma sempre associado a elas.

Nos anos 1970, essa desconfiança parece ter sido bastante reforçada pela forte influência da leitura althusseriana da ideologia como uma representação imaginária que sujeita os indivíduos às reais condições de existência. Daí decorre a subsequente generalização do convencimento de que boa parte da produção de imagens, sobretudo o cinema, corresponde à difusão de um ponto de vista comprometido com a reprodução do capitalismo. Capitalismo que, segundo essa concepção,

---

* Jay, Martin. *Downcast Eyes: The Denigration of Vision in Twentieth-Century French Thought*, University of California Press, 1993. Apud Stam, Robert. *Introdução à teoria do cinema*, Papirus, 2006, p. 347.

• O LUGAR DO OLHAR •

se "naturaliza" por meio dos códigos dominantes de representação, e nisso se incluindo até mesmo a perspectiva renascentista. A ilusão de realidade gerada pelo foco no indivíduo e a pretendida liberdade de julgamento são peças de convicção na denúncia da reprodução da ideologia dominante. Isso gerou até mesmo uma condenação do realismo no cinema, que, anos antes, havia sido considerado uma corrente libertadora e progressista. O mundo das artes reproduziria em grande parte as convenções burguesas, entre elas a forma de olhar e a passividade e o embrutecimento do público, anestesiado pelos espetáculos construídos para convencê-los da naturalidade ou da conformidade dessas convenções.

Essa visão foi mais ou menos atualizada nos anos 1980. Para Stuart Hall, por exemplo, haveria três possíveis atitudes de leitura: a dominante, que reproduz todos os traços fundamentais da ideologia; a leitura negociada, que apesar de globalmente coincidir com a dominante consegue enxergar algumas insuficiências e problemas; e a resistente, que, como o nome indica, se insurge contra os discursos dominantes e criaria novos repertórios de entendimento.*

---

* Hall, Stuart; Hobson, D.; Lowe, A. e Willis, P. (orgs.). *Culture, Media, Language*, Hutchinson, Londres, 1980.

No começo dos anos 1980 teve também grande impacto a obra de Edward Said, publicada pela primeira vez em 1978, que afirma ser o Oriente uma criação distorcida de um "outro" em oposição ao Ocidente, transmitida através da literatura, que teria servido aos propósitos do colonialismo.* Logicamente, há toda uma possível transposição dos textos para um suporte imagético que teria se associado nessa empresa de superioridade e domínio colonial e imperialista.

Já nos anos 1990, vimos aparecerem novas formas de desconfiança em relação às imagens, que são então acusadas de esconder relações sexistas e reproduzir os padrões de gênero dominante. A pergunta que se faz então para alguns autores é como o olhar pode ser portador de critérios de gênero e de sexualidade?**

As imagens, pelo que foi dito acima, estão sempre submetidas a um ambiente de tensão e desconfiança. Essa tensão é vívida em vários domínios: na religião, na filosofia e na vida banal de todos os dias. Ela pode ser uma razão suplementar para que pensemos as imagens

---

* Said, Edward. *Orientalismo: o Oriente como invenção do Ocidente*, Cia. das Letras, São Paulo, 2001.

** Ver, por exemplo, Gever, Martha et al.. *Queer Looks: Perspectives on Lesbian and Gay Film and Video*, Routledge, Londres, 1993.

• O LUGAR DO OLHAR •

a partir dessa incontornável complexidade e as trabalhemos sempre com o cuidado de não instituir definitivamente o olhar, a observação, como um veículo de acesso à verdade, à realidade, mas tampouco devemos concebê-las como um instrumento inteiramente dedicado à ilusão e à falsificação.

O romance *O código da Vinci*, publicado em 2003, rapidamente se transformou em um fenômeno de vendas.* A intriga colocada em cena pelo livro renova a ideia de que as imagens são veículos de mensagens enigmáticas voluntariamente expostas de forma criptografada e acessíveis apenas aos iniciados na arte de "ver as imagens". Assim, tudo aquilo que para o espectador comum pode ser banal e sem sentido ganha importância para os detentores das chaves de interpretação, a informação só é acessível a eles. Em geral, esses iniciados compõem grupos que detêm poder pela exclusiva apropriação das mensagens. As mensagens são também potenciais transformadores de uma dada compreensão ou realidade. Desvendar esse mistério significa, portanto, encontrar, pela criptoanálise, a chave de entrada no código, saber

_____

* Brown, Dan. *The Da Vinci Code*, Random House, Nova York, 2003.

PAULO CESAR DA COSTA GOMES

o que o autor queria dizer, recuperar a informação que se esconde atrás da aparência de outra coisa.

A pintura alegórica está fortemente presente em diversos momentos das artes plásticas. A alegoria significa que há uma relação arbitrária na figuração, fruto de uma construção intelectual. Ela é diferente do símbolo que se impõe como imagem associada, direta e clara.* Na pintura renascentista, há muitos elementos alegóricos. Leonardo da Vinci, pelo renome e pela mestria do seu trabalho, sempre foi um dos artistas mais visados pelas interpretações que pretendem esclarecer possíveis alegorias, como mostramos a propósito das interpretações suscitadas por seu quadro da "Mona Lisa". O fato de Leonardo da Vinci ter se interessado por temas muito variados, sua biografia ou mesmo as notas deixadas escritas de forma "espelhada" são alguns dos elementos que podem ter contribuído para sua notoriedade como produtor de imagens que contêm uma informação codificada.** O romance citado é nesse sentido apenas

---

* Panofsky, Erwin. *Significado nas artes visuais*, Perspectiva, São Paulo, 1991.

** Sua pintura "A última ceia", a "Ginevra de Benci", com uma misteriosa inscrição no verso da tela (*Virtutem forma decorat* – "a beleza adorna a virtude"), e a "Dama com arminho" foram, entre outras, objetos de intensa discussão e interpretação. National

• O LUGAR DO OLHAR •

um degrau suplementar nas numerosas interpretações produzidas a partir dos seus trabalhos. Sua grande popularidade indica, no entanto, quanto e como ainda somos sensíveis à leitura desses duplos universos de significação e, sobretudo, quanta audiência ainda existe na ideia de que há nessas subvertidas versões segredos e manipulações. De fato, prontamente aceitamos a suspeita que pesa sobre as imagens, com facilidade aceitamos renová-la.

Sobre as imagens como imitação do real

O cinema, com sua imensa difusão a partir de sua invenção no final do século XIX, foi um dos responsáveis pela retomada desse debate nos dias atuais. Desde sua eclosão, ele despertou comentários sobre sua capacidade de nos aproximar ou de nos afastar do real. Como nos indicava no começo do século XX o filósofo Henri Bergson, as imagens do cinematógrafo produziriam em nossas mentes um artifício que falsifica o real. Tal qual em nossa percepção, o cinema espacializa o tempo, a natureza intrínseca da duração se perde, perde-se

---

Gallery of Art: http://migre.me/8BHvA. – "Ginevra de Benci", Leonardo da Vinci. Museu Czartoryski, Cracóvia: http://migre. me/8Hw73. – "Dama com arminho", Leonardo da Vinci.

a relação real daquilo que precede e daquilo que se segue. O que nos aparece como perfeitamente distinto é, na verdade, um artifício que o separou da duração real.*

Ismail Xavier nos adverte sobre o percurso particular do cinema, que, ao contrário da pintura, da escultura e da literatura, já nasce tecnicamente limitado, com imagens mudas e sem cores, sem capacidade por isso de imitar o real.** Para muitos outros autores, no entanto, de todas as outras artes, o cinema é aquela que mais nos aproxima do real, e o desejo de fazê-lo como uma imitação naturalista é tão forte que eles sustentam que a analogia com o espaço real nos faz esquecer completamente essas faltas.***

Esse debate se transfigurou mesmo em linguagem cinematográfica em diversos estilos que reivindicavam um novo estatuto na produção das imagens e em sua aproximação com o real. Tal foi o caso do Neorrealismo italiano ou do chamado Realismo Socialista, por

---

* Bergson, Henri. *L'Évolution créatrice*, PUF, Paris, 2007.

** Xavier, Ismail. *O discurso cinematográfico: a opacidade e a transparência*, Paz e Terra, São Paulo, 2005.

*** Aumont, Jacques et al.. *A estética do filme*, Papirus, São Paulo, 2007.

O LUGAR DO OLHAR

exemplo.* Tal como aponta Jameson, no entanto, o realismo é um conceito singularmente instável. Basta constatar a contração de duas pretensões contraditórias, "representação da realidade".** Talvez seja necessário aqui fazer a distinção entre naturalismo e realismo. O primeiro diz respeito àquela abordagem que concebe a "gravação", através de um meio técnico, como um instrumento capaz de capturar e fixar as coisas como elas são. Já o realismo é, pelo menos para uma boa proporção de autores, a transformação dessa semelhança em um sistema de representação.

Como se pode facilmente constatar as diferenças entre uma concepção naturalista e realista são da mesma ordem e inteiramente correlatas àquelas assinaladas anteriormente na formação do sentido mesmo da palavra imagem.

---

* Trata-se da adoção de certos procedimentos que construiriam outras formas de percepção e de relação entre a produção e os espectadores. No caso do Neorrealismo, por exemplo, estão representados pelo grande número de filmagens externas, pelo som direto, pelo uso de atores não profissionais, por roteiros mais "abertos" etc..

** Jameson, Fredric. *As marcas do visível*, Graal, Rio de Janeiro, 1995, p. 162.

O crítico francês de cinema André Bazin defendia, por exemplo, o realismo, mas não se pode confundir inteiramente isso com uma defesa do "cinema-verdade", muito embora o próprio Bazin cultive uma ambiguidade de propósitos. Esse é o caso quando ele afirma, por exemplo: "Qualquer que seja o filme, seu objetivo é dar-nos a ilusão de assistir a eventos reais que se desenvolvem diante de nós como na realidade cotidiana."* Ele dividia os cineastas em dois tipos: aqueles que acreditam na realidade e aqueles que acreditam nas imagens. Os cineastas desse último tipo, identificado comumente com a escola do cineasta russo Eisenstein, fragmentam a continuidade espaço-tempo, comprometem a percepção do real. Isso porque, para Eisenstein, o cinema deve proceder à reconstituição do conflito, e isso é possível pela justaposição dos fragmentos que contêm a essência dos conflitos. Assim, um plano só adquire sentido no interior de uma sequência, através de suas relações. Por isso a montagem é para ele a pedra angular da linguagem cinematográfica. Nas palavras de Aumont:

> O que interessa a Bazin é quase exclusivamente a reprodução fiel, "objetiva", de uma realidade que carrega todo

---

* Bazin, André. *Orson Welles*, Éditions Du Cerf, Paris, 1992, p. 66.

• O LUGAR DO OLHAR •

o sentido em si mesma, enquanto Eisenstein só concebe o filme como discurso articulado, assertivo, que só faz se sustentar por uma referência figurativa ao real.*

Essas duas propostas se tornaram em verdadeiros modelos, às vezes bastante caricatos, da compreensão das imagens no cinema. Podemos perceber que ambas reclamavam a legitimidade de preservar nas imagens aquilo que era parte de sua essência.

Para Eisenstein, o choque entre os planos, a tensão, o contraponto são estetizações da dialética, e, como nos diz Rancière, a fragmentação pela montagem é um recurso para extrair o essencial através de uma imagem.** Já o realismo de Bazin, quando concebido como um partido estético, não aceita a recomposição de uma unidade espaço-temporal de um evento.*** Assim, se um casal está discutindo, a cena deve ser de um único plano, o campo e o contracampo falsificam a situação e a dramaticidade

---

* Aumont, Jacques et al.. *A estética do filme*, Papirus, Campinas, 2007, p. 86.

** Rancière, Jacques. *La Fable cinématographique*, Seuil, Paris, 2001.

*** É isso que ele afirma ao falar em "respeito fotográfico à unidade da imagem" e em "montagem proibida". Bazin, André. *Qu-est-ce que c'est le cinema*, Cerf/Corlet, Paris, 2002, pp. 49-61.

do evento, fragmentam essa unidade. O tempo da cena deve ser o tempo do diálogo, os silêncios devem ser mantidos, os movimentos devem ser guardados em toda a sua extensão.*

Consciente disso, a proposta de Gilles Deleuze é radical. Ele recomenda construir um cinema que flua como a própria vida, libertado de qualquer esquema preestabelecido entre movimento-ação-reação. O realismo se remete menos ao mimetismo entre a imagem e o referente, mas sim ao sentimento do tempo, de seu fluxo, restaurando-o mais do que o representando. Ele mesmo reconhece que isso se faria em total ruptura com o cinema tal qual o conhecemos. Para Deleuze, a assim chamada imagem-movimento corresponde ao cinema clássico, hollywoodiano, criador de um mundo unificado e fundado na coerência espaço-tempo. Nesse tipo de cinema, a montagem produz relações diretas de causa e efeito, é uma montagem racional e lógica. Há uma valorização do espaço no uso das panorâmicas telas que são empregadas como na pintura clássica, reproduzindo grandes composições. Já a imagem-tempo caracterizaria

---

* Bazin, André. *Qu-est-ce que c'est le cinema*, Cerf/Corlet, Paris, 2002.

• O LUGAR DO OLHAR •

um cinema moderno, fundado na descontinuidade, fazendo apelo aos processos mentais da memória e do imaginário.* Para Deleuze, os melhores exemplos disso estão em alguns filmes de Orson Welles e de Alain Resnais. Nessas obras, o "passado não sucede ao presente que não é mais, ele coincide com o presente que ele foi". É a chamada "imagem-cristal", coexistência de diferentes ângulos, multiplicação de reflexos, imagem presente e imagem virtual, síntese temporal.** Entre essas duas formas, imagem-movimento e imagem-tempo, tudo se modifica, a ideia de narrativa, o estilo e a pretensão, e o alcance filosófico.***

Sua sugestão consiste em contrariar a forma clássica de percepção que o cinema imita e em criar formas

---

* Essa leitura é tributária da interpretação apresentada por Rancière, Jacques. *La Fable cinématographique*, Seuil, Paris, 2001; e por Stam, Robert. *Introdução à teoria do cinema*, Papirus, Campinas, 2006.

** Conforme Aumont, Jacques. *L'Image*, Armand Colin, Paris, 2005, p. 188

*** O pensamento de Deleuze sobre as imagens é, sem dúvida, muito mais complexo. O interesse, porém, para a exposição que vem aqui sendo feita não justificaria maior apresentação, o que só desviaria o foco da discussão.

disjuntivas.* Seria esse, no entanto, um procedimento necessário para desfazer a falácia da imitação como realidade? Ainda que na aparência o cinema pudesse mimetizar a aleatoriedade e a ausência de finalidade das coisas e fenômenos, não seria ele sempre limitado, como, aliás, nos mostram exemplarmente algumas das fábulas de Jorge Luis Borges?**

Além disso, se o cinema, como dizia Bazin, permite o surgimento da imagem pelo que dos objetos e pessoas se imprime na película, o mesmo não ocorre nas novas imagens digitais. Essas imagens não guardam mais nem os rastros de uma relação com o mundo natural. Elas podem ainda manter esteticamente um partido realista, porém não serão mais imagens "naturais". Essa independência na produção das imagens de novo tem gerado leituras que colocam em relevo o estatuto das imagens.

Muitos autores têm visto nos dias atuais, quando inúmeras imagens são produzidas de forma digital

---

* Deleuze, Gilles. *L'Image-mouvement*, Éditions Minuit, Paris, 1983.

** Estamos nos referindo especificamente aos personagens dos cartógrafos no texto de Borges, Jorge Luis. "Do rigor na ciência", In: *História universal da infâmia*, Tradução de Flávio Cardozo, Globo, Porto Alegre, 1978; e "Funes, o memorioso", In: *Ficções*, Cia. das Letras, São Paulo, 2007.

• O LUGAR DO OLHAR •

por máquinas, uma nova era. Para Régis Debray, por exemplo, a "videoesfera" significa o fim da sociedade do espetáculo. Há uma substituição da exposição pela difusão; o princípio da simulação da imagem numérica abole o simulacro:

A carne do mundo transformada em um ser matemático, como qualquer outro: tal será a utopia das novas imagens. Revolução do olhar, pelo menos. A simulação aboliu o simulacro, suspendendo assim a maldição que casava imagem com imitação. [...] Com a concepção obtida pelo computador, a imagem produzida não é mais cópia segunda de um objeto anterior, é o contrário.*

Constatação semelhante foi feita pelo sociólogo francês Jean Baudrillard. Nas sociedades contemporâneas, o virtual não só tomou a aparência do real como também está tomando o seu lugar.** Vivemos, pois, segundo ele

---

* Debray, Régis. *Vie et mort de l'image*, Folio Essais, Gallimard, Paris, 1992, pp. 386-387.

** De fato, o pioneiro dessas ideias parece ter sido Walter Benjamin, para quem o cinema é uma espécie de medicamento, um modo de inventar uma realidade que, sem a substituir, lhe dá um sentido. Benjamin, Walter. "A obra de arte na era de sua reprodutibilidade técnica", In: *Obras escolhidas I*, Brasiliense, São Paulo, 1986.

• 153 •

em uma sociedade de simulacros. Para Baudrillard, o simulacro é a cópia idêntica de um original que nunca existiu. O virtual criou uma capa sobre o real, não o matou, "não há um cadáver", a tela não tem outro lado, o espelho tem, o virtual confunde nossa percepção, recria nossos sentidos.*

Além disso, ele também nos diz que, se todos se convertem em produtores de imagens, não haverá mais espectadores. Acrescenta que um universo com cada vez mais informação é um universo com cada vez menos sentido.

Resumindo, as condições de visibilidade das imagens estão em completa transformação: a exposição, que requer concentração e atenção, se transforma em difusão indiscriminada, caracterizando o nascimento de um "ambiente visual"; os observadores se transformaram em produtores; não há mais um ponto de vista

---

* "Ceci est l'histoire d'un crime – du meurtre de la réalité. Et de l'extermination d'une illusion. L'illusion vitale – l'illusion radicale du monde. Le réel ne disparaît pas dans l'illusion, c'est l'illusion qui disparaît dans la réalité integrale." [Essa é a história de um crime – do assassinato da realidade. E da exterminação de uma ilusão. A ilusão vital – ilusão radical do mundo. O real não desaparece na ilusão, é a ilusão que desaparece na realidade integral.] (tradução minha). Baudrillard, Jean. *Le Crime parfait*, Gallilée, Paris, 1995, contracapa.

• O LUGAR DO OLHAR •

privilegiado, uma posição-guia no espaço para a observação, no ciberespaço – as figuras podem se mover conforme a conveniência do momento.

Ainda que esse seja o dominante diagnóstico, poderíamos, quem sabe, sustentar outra tese.

Certo, as imagens perderam na era digital os últimos resquícios de naturalismo. Consideremos, entretanto:

- A exposição não se extingue simplesmente porque não guardamos uma posição de espectadores "perfeitos", orientados sobre o que ver, como ver e em que ordem ver, para ao final chegar à compreensão do sentido construído e arbitrado por aquele que dirige a exposição;
- A posição de espectadores ideais na sala de projeção não é a única possibilidade de arranjo social para a exposição – o modelo da plateia. Não necessariamente devemos nos postar imersos e servis nessa exclusiva função de ver aquilo que está sendo mostrado; pode haver maior aleatoriedade no olhar, um leque de possibilidades maior de compreensão; como somos também produtores de imagens, há uma reflexividade básica que volta a ter relevo; o comportamento de observação é uma participação, produz efeito, produz imagem.

- Finalmente, a abundância de sentidos não os elimina, mas, sem dúvida, compromete a univocidade das mensagens. O desafio não é mais saber o que aquilo "quer dizer", o relevo na intenção do autor, da mensagem codificada, delimitada pelo conteúdo organizacional da exposição. Múltiplas mensagens podem ser construídas na fragmentação do olhar e na aleatória descontinuidade daquilo que é visto.

A tese:

As novas formas da produção de imagens e seus novos contextos de produção e de exposição delimitam novos modelos de imitação da vida, com diferentes potenciais, a partir de outros instrumentos, configurações e comportamentos que prometem novas sensações.

Novas imitações imagéticas do real estetizam novas posições espaciais para os espectadores

Dezembro de 2010. Abertura da exposição "Les Halles, le nouveau coeur de Paris" [Os Halles, o novo coração de Paris], no Pavilhão do Arsenal, Centro de Informação, Documentação e Exposição de Urbanismo e Arquitetura

• O LUGAR DO OLHAR •

de Paris e da Metrópole Parisiense. O objetivo geral desse centro é apresentado como: "(A) exposição (que) retraça as evoluções da capital para *permitir a cada um* compreender as paisagens de hoje e de amanhã."* O acervo oferece doze sequências históricas, centenas de projetos arquitetônicos, planos urbanísticos, animações, entrevistas, documentários, maquetes e documentação diversa. Como é indicado na apresentação do Centro, cabe a *cada um* construir sua "visita guiada":

> Uma base de dados das arquiteturas contemporâneas parisienses permite a cada visitante e internauta compor sua própria visita de Paris. Essa base de dados com o conjunto dos projetos e realizações parisienses é atualizada diretamente pelos empreiteiros e mestres de obra pela internet. Cada pessoa pode assim descobrir as realizações de um arquiteto ou de um mestre de obras, efetuar uma pesquisa em função do programa (habitação, escritórios, infraestrutura...) ou ainda ver as construções recentes de seu bairro.**

---

* Informações disponíveis no site www.pavillon-arsenal.com (grifo meu).

** www.pavillon-arsenal.com.

PAULO CESAR DA COSTA GOMES

A exposição temporária aberta em dezembro de 2010 nesse centro de documentação sobre a renovação dos Halles é parte do projeto que se denomina "a cidade de amanhã se expõe hoje".* Ela é composta principalmente de uma imensa maquete (65 metros quadrados), suspensa e enquadrada pela projeção de fotos aéreas das circunvizinhanças (na mesma escala) projetadas no chão. Essas fotos estão retrabalhadas e nelas também aparecem as figurações dos projetos dos novos jardins e dos acessos aos terminais de transporte. Em volta da grande sala onde está a maquete, são apresentados desenhos, plantas, sequências de fotos e alguns vídeos relacionados ao plano de renovação dessa grande área. Finalmente, um filme de imagens digitais é também projetado em um pequeno recinto anexo ao grande salão.

Nesse filme, as imagens são incrivelmente "realistas", tanto as do ambiente físico quanto as dos personagens que pouco a pouco desfilam por esse espaço, com atitudes

---

* O quarteirão dos Halles [mercado] já foi objeto de uma imensa operação de renovação nos anos 1970, com a construção de muitas residências, lojas, equipamentos de cultura e lazer, além de ser o maior centro de comutação de transportes subterrâneos da cidade. O projeto atual é para a construção de uma nova cobertura, a *Canopée* [dossel], de novos acessos e da reformulação dos jardins externos.

• O LUGAR DO OLHAR •

e comportamentos tão verossímeis que chegam a despertar atenção e curiosidade.* O ponto de vista assumido no filme varia segundo o aspecto que ele pretende mostrar e/ou valorizar. Chegamos aos Halles sobrevoando a cidade de Paris e rapidamente penetramos na cobertura. Logo depois, como se estivéssemos em um rápido elevador, descemos todos os níveis até a plataforma subterrânea de trens e metrô desse grande centro de comutação de transportes. Depois, tomamos uma escada rolante, chegamos ao outro nível, o atravessamos, cruzamos as roletas, tudo isso situado no mesmo plano e na condição dos personagens virtuais, olhamos para eles como se estivéssemos passando por ali, caminhando. Mais uma escada, outra rápida passagem pelo outro piso e outra pequena escada que nos conduz em direção ao exterior – agora nosso olhar não está mais caminhando, está voando, vemos os jardins de cima, para logo depois descermos e nos juntarmos às atividades fortuitas de outros personagens nos jardins. Dos jardins, podemos ver as calçadas e fachadas das

_____

* Talvez o desconforto diante dessas imagens virtuais tão realistas seja, quem sabe, comparável àquele sentido pelos primeiros espectadores no cinema na projeção dos irmãos Lumière, do trem que parecia avançar para os espectadores.

• 159 •

ruas em torno da área propriamente do projeto. Elas aparecem com todos os detalhes e atividades, as imagens virtuais parecem ter sido coladas com filmagens desses locais. Depois de alguns outros pequenos sobrevoos pela cobertura intercalados com planos "naturais", onde são mostradas diferentes atividades interiores, pessoas dançando, lendo etc., finalmente saímos com uma câmera elevada e reencontramos a vista aérea de Paris, com alguns de seus conhecidos monumentos.

Segundo os realizadores, o filme de animação tem como objetivo, em suas próprias palavras, de "convidar o visitante a participar da aventura" dessa construção, que é "apresentada em todos os seus detalhes e tal como ela será depois de construída".

Como se pode constatar pela descrição feita, o tipo de exposição e de visibilidade nesse caso é um pouco diferente daquela a que estamos mais habituados nas exposições tradicionais ou no cinema, como aqui foi antes descrito. A insistência no discurso de apresentação, tanto do centro como da exposição temporária, da ideia de que o visitante, o espectador, será responsável pela construção do percurso já é um sinal evidente dessa diferença. Se o percurso é construído segundo os critérios do visitante, de seu interesse, de seu imprevisível trajeto em face dessa grande massa de material, então se aceita que as formas de apreensão e o grau

O LUGAR DO OLHAR

de importância conferido aos diferentes elementos em exposição sejam bastante variados.

Se for assim, então não há propriamente um sentido global a ser tecido pela ordem da exposição, da mesma forma que se sabe de antemão que muitas coisas não serão vistas. A estratégia da exposição talvez seja a de organizar os objetos de forma a tornar alguns deles mais visíveis que outros, julgados menos importantes, mas não invisíveis. Tudo dependerá, no entanto, da trajetória do movimento do visitante naquele espaço, dependerá também do tempo que ele estará disposto a consagrar ao conjunto exposto e a cada um dos elementos selecionados em meio aos muitos que são apresentados.

O ponto de vista a partir do qual o visitante examinará o conteúdo da exposição dependerá também de sua escolha. Há cartas, plantas, documentos redigidos, fotografias imagens documentais, imagens de síntese etc.. Caberá a cada um, como diz o informativo da exposição, construir seu percurso, fazer suas escolhas, porém notemos que essas escolhas não são exclusivas, elas podem variar bastante e ser combinadas. No próprio filme digital da exposição, a variação do ponto de vista é interessante, o objeto em tela, a renovação dos Halles, é mostrado sobre diferentes ângulos, distâncias e tamanhos.

O exemplo tomado dessa nova forma de exposição não é um caso isolado; ao contrário, parece se disseminar cada vez mais. Essas mesmas características podem ser encontradas na difusão de grande parte do material produzido nesse novo regime de visibilidade relacionado às imagens digitais. Podemos dizer, portanto, que são marcas distintivas que modelam novas condições na produção, na exposição e na observação das imagens. Empregamos, por exemplo, a palavra "navegar" quando visitamos um site eletrônico. Escolhemos os percursos, dedicamos atenção diferenciada ao que está disponível, fragmentamos as informações à procura daquilo que nos interessa diretamente. O deslocamento rápido e a descontinuidade do olhar são comportamentos comuns nesses ambientes.

Da mesma forma, em vários videogames, podemos escolher trajetos e, sobretudo, podemos mudar nosso ponto de vista a qualquer momento do jogo, tudo isso dentro de reconstituições bastante realistas. Em alguns jogos, essa escolha do percurso também pode ser feita em relação às fases, aos momentos do jogo, ou seja, detemos certo controle das unidades espaço-tempo dentro do universo do jogo. A escolha pode, aliás, ser também de personagens ou de seus atributos.*

---

* Essas características de alguns videogames foram bem analisadas, por exemplo, por Alvarenga, André L.. *Grand-Theft Auto:*

• O LUGAR DO OLHAR •

Outro exemplo bastante eloquente é o programa Google Earth e suas diversas ferramentas. Por meio do uso desse programa, pessoas comuns, sem nenhuma formação específica, utilizam ferramentas cartográficas que lhes permitem facilmente mudar escalas de visualização e até mesmo de pontos de vista, com o Google Street View, por exemplo.* Esses usuários aprendem na prática que em escalas diferentes os fenômenos são diferentes, que aquilo que está representado em certa ordem de grandeza não aparecerá, pelo menos da mesma maneira, em outra ordem de tamanho. Há coisas que só são vistas em determinadas escalas, ou ainda, só são possíveis de ver com certo afastamento. Igualmente, algumas relações entre diferentes elementos só aparecem em um dado grau de distância entre nós, observadores, e o fenômeno observado. Finalmente, o mais importante é que esses dispositivos são acionados diretamente pelo usuário de acordo com seus interesses e sua curiosidade. Quando comparamos essa possibilidade

---

representação, espacialidade e discurso em um videogame, Dissertação de Mestrado, PPGG-UFRJ, Rio de Janeiro, 2009.

* Essa discussão foi objeto de um trabalho de monografia apresentado por Soares, Vitor S.. *Representação espacial e experiência visual: o Google Maps e o registro imagético*, XXXIII Jornada de Iniciação Científica da UFRJ, 2011.

com aquelas que nos eram dadas pela cartografia tradicional e seus mapas impressos, compreendemos imediatamente a grande transformação. Como foi dito anteriormente, há um acesso, ou uma visibilidade, que é acionada, de maneira mais fácil, mais autônoma, mais individualizada e, portanto, mais particular.

Bom, até aqui afirmamos a transformação desse novo modelo de regime de visibilidade no que diz respeito às imagens produzidas e suas formas de exposição naquilo que Debray chamou de era "Pós-espetáculo". Ainda que com muitos matizes diferentes, parece que todos estamos de acordo a propósito da constatação de que há uma grande transformação nesses regimes de visibilidade disponíveis atualmente. A temerária tese enunciada, no entanto, dizia que essas modificações não significariam uma ruptura com os ideais de imitação da realidade que caracterizaram a produção de imagens nos períodos anteriores.

Imitação da realidade e sistema representacional

O eventual êxito da argumentação da tese apresentada dependerá em grande parte da compreensão do estatuto que conferimos a essa expressão: *imitação da realidade*. Para isso se fazem necessárias algumas precisões, nem sempre muito fáceis de desenvolver, sobretudo aqui onde esse tema não é central. Infelizmente, no entanto, o uso dessa expressão é bastante disseminado na bibliografia que trata do tema das imagens, o que nos obriga a fazer esses parênteses em lugar de simplesmente empregar outra expressão menos conotada.*

Imitação, como a raiz etimológica indica, se refere a semelhança. Vimos que essa semelhança pode ser concebida como analogia verdadeira ou como falsificação, semelhança construída pela tradução da essência ou simplesmente como uma aparência. Em relação ao termo realidade, o primeiro cuidado é o de distingui-lo do sentido mais comum, de um mundo que existe tal qual sensivelmente o percebemos. A realidade não pode ser objetivada nos estritos limites da sensibilidade, já que a sensação não é uma cópia perfeita das coisas e a percepção do objeto é, ela mesma, fruto de uma dissociação de um sincretismo primitivo, como nos mostra Piaget.** Além disso, desde Kant estamos plenamente conscientes de que a sensibilidade depende

---

* Essa expressão não corresponde assim apenas ao ideal da arte clássica, como, muitas vezes, é apresentada.

** Sincretismo entre o eu e o mundo que caracteriza a compreensão infantil até os 7-11 anos. Piaget, Jean. *La Construction du monde chez l'enfant*, Alcan, Paris, 1938.

de categorias que são definidas e classificadas pelo pensamento. Se não bastasse isso, a ciência moderna e, sobretudo, a física, nos ensinam também que muitos eventos escapam de nossas percepções sensíveis.

Ainda segundo Kant, não há como conhecer as coisas em si. Só nos é dado conhecer aquilo que delas nos aparece: os fenômenos. A suposição de uma conformidade do pensamento com o objeto que nos parece um objeto em si é, por isso, caracterizada por Sartre, por exemplo, como uma grande ilusão, a ilusão da imanência.* De fato, essa conformidade é produto de múltiplos fatores que são históricos, sociais e contextuais. Os instrumentos por meio dos quais temos de acessar essa suposta realidade são, eles mesmos, limitadores daquilo que podemos ver e sentir. Que sejamos bastante claros: isso não corresponde a uma posição "relativista", quer apenas dizer que, sendo a realidade última das coisas algo inatingível, o sentido que temos de realidade corresponde tão somente a uma experiência da percepção que estabelece um acordo entre o sensível e o inteligível; trata-se de uma construção, ou melhor, de uma representação.

---

* Sartre. Jean-Paul. *L'Imaginaire*, Gallimard, Paris, 1940.

• O LUGAR DO OLHAR •

Um dos problemas – e não o menor deles – é que trabalhamos sempre com a ideia de que há uma realidade última e isso gera um sistema dual entre o conhecimento e essa suposta realidade, dentro do qual o critério de validade passa a ser a conjeturada distância entre o suposto real e a representação construída dele. Como não nos é possível aceder ao conhecimento das coisas em si, então temos aí um problema praticamente insolúvel. As imagens são também julgadas segundo esse absurdo critério de validade que identifica a distância entre o "real" e suas figurações, ou seja, imagens que contêm o resquício dessa realidade ou são apenas o falso espectro dela.

Se abandonarmos a dualidade entre uma realidade e suas representações e instituirmos que a realidade é ela mesma um sistema representacional, podemos vê-la como construção objetiva, unificada, com coerência interna (lógica) e externa (empírica), e assim abandonar as tradicionais e comuns oposições real/pensamento, coisa/ideia, objeto/sujeito.

Já podemos então anunciar que por *imitação da natureza* compreendemos algo, nesse caso aqui as imagens, que exprime de alguma maneira essa conformidade entre o sensível e o inteligível em um dado contexto espaço-temporal e celebra nessa síntese um valor socialmente compartido. Se assim for, então essa "imitação da natureza" se materializa em formas estéticas, ou seja, formas que exprimem um juízo de valor, que não está amparado nem em um critério racional (verdade) nem em um critério moral (bem).* Uma obra estética expõe, através de meios sensíveis (forma, cor, som etc.), valores, sensações-ideias que são admiráveis. Como dizia Nietzsche, essas obras são pequenos mundos perspectivos.**

Então, se estamos diante de fórmulas estéticas inéditas, novas expressões ou de novos meios técnicos, isso significa que outras formas de "realidades" estão sendo traduzidas sinteticamente através de elementos sensíveis e realçadas a esse patamar de reconhecido valor. Continuamos assim, nesse sentido, na "imitação da realidade".

Voltando à tese: se ela estiver correta, então essa estética, descrita na exposição de Paris, nos videogames,

---

* Aqui estamos em completo desacordo com a concepção de Deleuze, que sustenta: "A essência da arte é a beleza, que é uma prova de verdade, e a verdade pertence à lógica, que postula a verdade como conformidade do pensamento com a realidade." Deleuze, Gilles. *Introdução à filosofia*, Edusp São Paulo, 1980, p. 174.

** Ferry, Luc. *Homo Aestheticus*, Grasset, Paris, 1990.

O LUGAR DO OLHAR

ou nas arquiteturas dos sites eletrônicos, traduz alguns valores que estão sendo vividos e pensados na sociedade atual e se encontram representados sinteticamente, como experiência sensível e inteligível, em algumas imagens.

Algumas imagens nos revelam seus códigos

Cláudio Ptolomeu definia a geografia como "a representação pelo desenho (*graphè*) da parte conhecida da Terra em sua totalidade".* Ele viveu no século II d.C., e sua obra corresponde ao apogeu de toda uma longa tradição da Antiguidade do conhecimento sobre os lugares. Esse conhecimento foi organizado no sentido de produzir essa representação pelo desenho: um mapa-múndi. Os mapas para Ptolomeu (assim como antes dele para outro grande geógrafo, Estrabão) eram imagens, *eikôn*, construídas a partir da *mimésis* (imitação). Essa operação era fundamental, já que a Terra não se oferece diretamente ao olhar como os céus. A imagem mimética contida na representação cartográfica criaria a possibilidade, portanto, de oferecer "à contemplação sublime

---

* Apud Jacob, Christian. *Géographie et ethnographie em Grèce ancienne*, Armand Colin, Paris, 1991, p. 128.

• 169 •

e magnífica" a totalidade da Terra. Os meios para a construção dessa imagem eram matemáticos, geométricos, uma vez que esses meios garantiriam o respeito às proporções, às ordens de grandeza e às posições relativas entre as diversas coisas figuradas. Ptolomeu foi o grande organizador do sistema de coordenadas geográficas e desenvolveu um sistema de projeção cônica que leva em conta a esfericidade da superfície e sua possível figuração na superfície plana de um mapa. O instrumental matemático para Ptolomeu permitiria mostrar com precisão essa imagem da Terra, com suas simetrias, sua harmonia, sua ordem cósmica.*

A imagem da Terra estampada no mapa de Ptolomeu respondia a duas questões fundamentais da filosofia: sobre a natureza do mundo e sobre os instrumentos disponíveis ao conhecimento. Segundo Ferry, a palavra *teoria* em grego significa "eu vejo o divino".** Na filosofia

---

* Interessante é perceber que muitos séculos depois Baumgarten definiria a estética como resultado das belas-artes que permitiria vislumbrar a harmonia que reina no mundo e na natureza e, através disso, contemplar a perfeição da criação divina. Inspirado talvez em Baumgarten, Kant dizia que as belas-artes só têm sentido se tiverem a aparência da natureza, sem necessariamente imitá-la.

** Ferry, Luc. *Apprendre à vivre. Traité de philosophie à l'usage des jeunes générations*, Plon, Paris, 2006, p. 35.

• O LUGAR DO OLHAR •

grega, o Cosmos é um todo ordenado e harmônico, daí, por analogia, a teoria corresponde à contemplação da ordem cósmica. A contemplação dessa ordem era possível na imagem do mapa de Ptolomeu graças ao uso do instrumental considerado o mais apto para desenhar essa imagem, a matemática.*

O mapa de Ptolomeu é um objeto estético, uma vez que essa imagem é um meio, matematicamente produzido, pelo qual esses valores, ordem e harmonia cósmica, são reafirmados. Essa imagem é um modelo de beleza. Essa imagem condensa toda uma concepção relacionada diretamente aos valores que exprime.

Em 1978, o compositor Caetano Veloso apresentou uma canção intitulada "Terra", na qual ele descreve a sensação de, preso pelo regime militar, ter visto pela primeira vez determinadas imagens: "As tais fotografias em que apareces inteira, porém lá não estavas nua

---

* Ptolomeu criticou na geografia a descrição regional, comparando esse procedimento a alguém que quisesse representar um rosto e desenhasse apenas a orelha. Para ele, só a contemplação do todo, da totalidade da cabeça, poderia ser fonte do conhecimento. Como já foi dito antes, muitos geógrafos clássicos, entre eles, Ritter, Humboldt, Reclus, La Blache, Pinchemel, têm usado a ideia de contemplação e expressões como "face da Terra", "fisionomia terrestre", "imagem do todo", entre outras similares, para caracterizar a geografia moderna.

e sim coberta de nuvens." Aparentemente, ele se refere às fotos da Terra obtidas pelo laboratório espacial Skylab, da Nasa.* Outra imagem da Terra: agora os meios para obtenção dessa imagem envolvem o que há de mais sofisticado em termos tecnológicos. Esses poderosos meios produzem uma nova imagem, tal qual nos mapas de Ptolomeu, um objeto estético. Agora essa imagem talvez traduza a confiança e o poderio da ciência, que pode nos levar a novas viagens, Odisseias cibernéticas que já nos dão outros pontos de vista para olhar a Terra.**

Nos dois casos, imagens são obtidas a partir de meios, concebidos como os melhores para tornar algo visível, para criar imagens. Essas imagens falam assim não só daquilo que representam e dos valores a isso incorporados, mas falam também do processo de construção delas mesmas. Elas figuram, mostram algo que é particular, mas há nelas um alcance que é bem mais geral. Algumas imagens, além de nos mostrar algo, nos ensinam a ver e nos informam sobre como ver.

Isso é mais ou menos evidente em uma conhecida obra do pintor florentino Paolo Uccello denominada

---

* Skylab – Nasa: http://migre.me/8Hwk5.

** Entretanto, como bem diz a letra da música, a Terra aparece inteira, mas não nua. Uma parte do mistério resiste, é mantido até para a ciência.

• O LUGAR DO OLHAR •

"A batalha de São Romano".* Trata-se de um conjunto de três telas, pintadas entre 1456 e 1460. Elas descrevem as fases de uma batalha entre os exércitos de Florença e de Siena, ocorrida em 1432 e que terminou com a vitória do *condottieri* Niccoló de Tolentino, de Florença, com o reforço ao final de Micheletto de Cotignola, contra Bernardino della Ciarda, de Siena. Nesse conjunto de telas, o uso da perspectiva linear é a chave da composição.** Lanças, alinhamento das pernas dos cavalos,

---

* Esses quadros já foram muito comentados por críticos e historiadores da arte, por isso os escolhemos em meio a outras opções possíveis. Museu do Louvre, Paris: http://migre.me/8HwEC. — "A batalha de São Romano", Paolo Uccello, tela I; National Gallery of London, Londres: http://migre.me/8HwS3. — "A batalha de São Romano", Paolo Uccello, tela II; Galleria degli Uffizi, Florença: http://migre.me/8Hxxi. — "A batalha de São Romano", Paolo Uccello, tela III.

** A descoberta em 1831, na casa do Fauno, em Pompeia, na Itália, do mosaico conhecido como "A batalha de Isso", que opôs Alexandre, o Grande, a Dario III, reforça a tese de Panofsky de que havia uma tradição que foi perdida durante a Idade Média. O mosaico do século I é, provavelmente, uma cópia de uma pintura grega desaparecida. Ele permaneceu dezesseis séculos coberto pelas cinzas vulcânicas e, por isso, não poderia ter sido conhecido por Uccello, mas apresenta uma composição muito próxima daquela que ele retratou em plena Renascença, com uma massa de elementos produzindo dramaticidade à cena:

fileiras de cabeças dos cavaleiros, flâmulas, entre outros recursos, foram utilizados para dar o sentido de profundidade do campo. A dramaticidade da batalha é construída pelos volumes aglomerados no primeiro plano. Algumas lanças quebradas, espalhadas pelo chão, estruturam o terreno de forma a fazer nosso olhar convergir para o ponto de fuga. No centro da tela, se apresentam, destacados dos outros, os personagens principais, só eles têm uma representação fisionômica.* Os demais cavaleiros aparecem com armaduras, são como modelos padronizados. O mesmo ocorre com a representação dos cavalos, que têm uma pureza formal tão exagerada que parecem arvorar um aspecto de quase irrealidade.

O uso da perspectiva linear nos indica para onde olhar e quem deve ser notado; há um centro no quadro,

---

cavalos em primeiro plano, lanças ao fundo, armas espalhadas pelo chão, fisionomias fixadas quase como máscaras ao centro etc.. Museo Archeologico Nazionale, Nápoles: http://migre.me/cQif3. – "A batalha de Isso".

* A ideia de que nos vemos e nos reconhecemos no olhar figurado da expressão fisionômica foi muito bem-tratada, coincidentemente, também através dos quadros de Uccello e do mosaico "A batalha de Isso" encontrado na casa do Fauno, entre outras imagens, em "Filôxenos. A imagem como reflexo". Manguel, Alberto. *Lendo imagens*, Cia. das Letras, São Paulo, 2009.

O LUGAR DO OLHAR

um centro na ação, um lugar central, um personagem central. Os quadros foram uma encomenda de Cosme de Médici, eles têm um tema político e militar, mas não nos informam apenas sobre a batalha. Eles nos falam da organização do olhar no espaço e, ao fazê-lo, nos indicam como os espaços são pensados e as relações que têm com a organização social e do poder naquele momento.

A perspectiva linear, com sua natureza espacial matemática, não era, no entanto a exclusiva forma de dar profundidade e volume às representações planas; a perspectiva tonal também foi muito usada. O claro-escuro (*chiaroscuro*), pelo jogo de contrastes, possui uma dimensão mais dramática e produz outro tipo de espacialidade, de percepção dos elementos no espaço, e foi muito utilizado nas pinturas pós-renascentistas holandesas e italianas − seus efeitos foram, por exemplo, muito bem-empregados pela arquitetura barroca.

Isso nos permite compreender que meios técnicos diversos geram efeitos diferentes, muito embora possam se consagrar a um mesmo tema − nesse caso, a procura de sensação volumétrica pelo efeito da profundidade espacial.

Nos quadros do pintor holandês Vermeer, há um jogo de luz que é recorrente, embora ele não procure a mesma conotação dramática.* Na maior parte deles, as cenas são completamente internas e iluminadas pela luz natural que penetra por uma janela. Os planos espaciais são complicados e há muitos objetos em composições complexas. Pela precisão, pela riqueza de detalhes e pela boa resolução dos problemas composicionais, já foram levantadas suspeitas de que Vermeer usaria o recurso da câmera escura.** O mesmo foi dito de Canaletto e vários outros pintores renascentistas, sem que nenhum deles tenha jamais admitido o uso desse recurso que os aproximaria de "copiadores" e retiraria grande parte do crédito concedido aos seus talentos.

Vermeer pintou pessoas realizando diferentes tarefas e ocupações em ambientes internos (o cartógrafo,

---

* A propósito de uma leitura geográfica das imagens e de sua relação com Vermeer, consultar o artigo de Seeman, Jörn. "Arte, conhecimento geográfico e leitura de imagens: 'O geógrafo', de Vermeer", In: *Pro-Posições*, Campinas, 2009, v. 20, n. 3, pp. 43-60.

** Invenção renascentista que consistia em um foco de luz que, ao entrar por um pequeno orifício dentro de um ambiente completamente escuro, forma a projeção de uma imagem exterior no fundo desse ambiente, facilitando assim a reprodução em perspectiva exata da imagem.

• O LUGAR DO OLHAR •

o astrônomo, a leiteira, o ateliê do artista...).* Vimos
que no gênero de pintura de paisagens, que era contemporâneo de Vermeer, um dos valores colocados em
cena pelas imagens era a obra do trabalho humano,
transformando a natureza. Sem pintar paisagens, os
quadros de Vermeer talvez apontem para esse mesmo
tema, essa mesma direção, da valorização do trabalho,
das pequenas tarefas e das pessoas comuns, em detrimento dos amplos afrescos históricos e de seus grandes
personagens. Essa ligação com as paisagens está sim-
bolicamente representada pelas janelas. Podemos quase
adivinhar que se olhássemos através delas apareceria
um largo panorama dos republicanos Países Baixos,
uma bela paisagem. O jogo de sombra e luz, introdu-
zido nos quadros de Vermeer pela presença das janelas,
indica a escolha de um ponto de vista espacial dentro de
uma dualidade de ambientações possíveis, o interno e o
externo, a casa e a rua, dualidade na qual sua pintura
fazia o *pendant* às paisagens.

---

* Kunsthistorisches Museum, Viena: http://fineartamerica.
com/featured/3-the-artists-studio-jan-vermeer.html. — "O atelier
do pintor", Jan Vermeer. Museu Stadelsches, Frankfurt: http://
migre.me/8KduK. — "O geógrafo", Jan Vermeer. Rijk Museum,
Amsterdam: http://migre.me/8Kd4w. — "A Leiteira", Jan Vermeer.
Museu do Louvre, Paris: http://migre.me/8HraT. — "O astrônomo", Jan Vermeer.

PAULO CESAR DA COSTA GOMES

Mensagens no jogo espacial das composições

Outro gênero da mesma época das paisagens na Holanda do século XVII foi o das naturezas-mortas.* A representação pictórica de composições de frutas, flores, legumes, carnes, variados objetos e, eventualmente, insetos ou ratos atendia ao desejo de criar verdadeiros sistemas metafóricos.** As naturezas-mortas contêm muitas mensagens morais. Borboletas, maçãs, cerejas, livros, caveiras, facas, entre outros, remetem a significados precisos, que, combinados entre si, resultam em verdadeiros textos. São temas burgueses por excelência. A ética do trabalho está também, como nas paisagens, comumente presente, seja na mensagem, seja no virtuosismo da "imitação da natureza". Esses temas colocam em cena o cotidiano e a sublime presença da humanidade, ainda que esta apareça nos objetos de origem natural. Falam dos ciclos da vida, da efemeridade das coisas, dos limites naturais da existência, da grandeza do cotidiano, do prazer da simplicidade etc..

---

* Gombrich vê um parentesco muito grande entre esse gênero e os quadros de Vermeer, que seriam "na realidade naturezas-mortas incluindo seres humanos". Gombrich, E. H.. *A história da arte*, LTC, Rio de Janeiro, 1999, p. 430.

** A esse respeito, ver Sterling, Charles. *La Nature morte de l'Antiquité au XXe siècle*, Paris, Macula, 1985.

• O LUGAR DO OLHAR •

Apreciar uma natureza-morta é saber ler os significados que se escondem naquela composição de coisas dispostas sobre um mesmo plano. O regime de visibilidade proposto nesse gênero é como um jogo de enigma, a imagem pode ser traduzida quase como um discurso, pela posição dos objetos e pelos significados a eles associados. Essas mensagens falam de preceitos morais, virtudes, valores, malefícios, sentimentos etc.. Talvez essa seja uma contribuição que se soma à generalizada desconfiança em relação às imagens como se elas sempre veiculassem deliberadamente uma mensagem oculta. Como vimos, entretanto, esse não é o caso de outros regimes de visibilidade.

Hoje, quando assistimos a um filme, sabemos que ele também veicula mensagens.* Não exatamente como no exemplo das naturezas-mortas, o sentido não é tão fechado, a simbologia não é tão estável, os preceitos morais não são a regra. Os sentidos não são construídos somente pelas composições; a montagem é um dos elementos-chave na linguagem do cinema. Nesses filmes, há um fio coerente que nos guia pela narração, ela tem

---

* Como já foi dito antes, estamos nos referindo aos filmes produzidos comercialmente e em grande escala, e não àqueles produtos de circulação limitada, com objetivos estritamente experimentais.

uma finalidade, uma demonstração, um ou mais temas são apresentados e oferecidos à reflexão. Tudo tem sentido, tudo é desenhado e ocorre em uma ordem mais ou menos coerente, há uma teleologia fundamental na organização dos eventos e das imagens que os representam. Esses são alguns dos valores associados a esse tipo de exposição. Esse tipo de construção tem analogias com a vida social e com a maneira como podemos entender as coisas e os eventos.

Foi através de uma oportunidade de responder a André Malraux que o cineasta francês Éric Rohmer se manifestou contrário ao entendimento do cinema somente como a arte da montagem, ou seja, da produção de sentido a partir da justaposição de imagens. O cinema para Rohmer, na verdade, é a arte da organização espacial. A montagem depende dessa organização para ser consequente e coerente. Por isso, segundo esse cineasta, a primeira tarefa para se criar um filme é conceber o espaço onde ele se desenvolve.*

Isso corresponde a dizer que o lugar figurado das coisas, das pessoas e dos eventos em um filme é, para Rohmer, não apenas portador de sentido, é propriamente

---

* Rohmer, Éric. "Le Goût de la beauté", *Cahiers du cinéma*, Paris, 2004.

um criador, e, ainda, segundo ele um dos mais importantes. Corresponde também a dizer que essa criação de sentido, pela espacialidade figurada em um filme, é obtida a partir de uma associação complexa entre o que está sendo mostrado e nossas experiências vividas no espaço, nossas formas de compreendê-las e nossas significações e valores.

Vimos anteriormente que não somos escravos das significações apresentadas, podemos e devemos discuti-las. A oportunidade de assistir a um filme é a possibilidade de reexaminarmos, com algum distanciamento, essas significações e valores que estão associados de forma tão "natural" que, às vezes, parece não merecerem discussão ou reflexão. Vimos assim que a relativa passividade na sala de projeção pode ativar uma posterior reflexão transformadora.

A reflexão nasce, em certa medida, do confronto entre o filme e a vida. Discutimos a narrativa apresentada a partir das experiências sensíveis e inteligíveis que obtemos nos variados campos de atividade social. Está na hora de reconhecermos que, muito embora possamos nos insurgir contra os sentidos que nos são apresentados (ou que nos habitam de forma irrefletida), somos conduzidos a um diálogo que está orientado por certa construção que é a própria narrativa do que assistimos. Temos toda a liberdade de refletir, mas o objeto dessa reflexão nos é oferecido e está previamente construído. Nosso raciocínio tem limites temáticos, temporais e da própria forma de construção.

Sem endossar a fórmula, sem dúvida excessiva, de McLuhan, poderíamos dizer que os meios condicionam as mensagens, impõem certos limites.* No que diz respeito ao que estamos chamando aqui de regimes de visibilidade, os meios são capazes de criar formas específicas e as exploram de maneiras particulares, esses regimes regulam o que olhar, como olhar. Eles criam os lugares do olhar e o olhar dos lugares. Foi isso o que modestamente tentamos demonstrar através dos exemplos trazidos.

---

* A fórmula de McLuhan era "O meio é a mensagem". McLuhan, Marshall e Fiore, Quentin. *The Medium is the Message: An Invenctory of Effects*, Penguin Books, Londres, 1982.

NO OLHO DA RUA
Visibilidade e espaços públicos

A exposição na cidade

Domingo, na cidade de Hong Kong, na China, sobre a esplanada térrea de uma das edificações mais emblemáticas da cidade, a imensa torre do Bank of China, mas também por toda uma ampla área em torno dela, reúne-se uma grande quantidade de mulheres. Excepcionalmente, por ser um domingo, a área não se encontra densamente ocupada pela multidão, como de hábito. As ruas à volta estão relativamente vazias, poucas pessoas passam e a circulação de veículos não segue o ritmo atordoante dos outros dias da semana. Somente aquela concentração estranha de mulheres, sentadas em grupo, ocupando uma grande área, destoa da ocupação em torno. Elas riem, falam alto umas com as outras, parece que todas se conhecem; tiram pequenas porções de comidas de grandes sacolas plásticas, comem, bebem e oferecem e trocam alimentos e bebidas; algumas estão deitadas sonolentas, outras ouvem música. Ao perguntar sobre elas, ficamos sabendo que são filipinas. Explicam-nos, com naturalidade, que são empregadas domésticas, aproveitando o dia de folga. Elas nunca são notadas nos outros dias, pois trabalham no interior das casas. As residências em Hong Kong são, em geral, muito pequenas, com minúsculos espaços para abrigar as empregadas, muitas vezes esses espaços se resumem ao tamanho de uma pequena cama. Assim, quando podem, elas saem. Por isso, só são vistas e percebidas no domingo, quando saem juntas e se aglomeram sobre um mesmo espaço público. Essa exposição não parece ter nenhum impacto sobre os residentes, que tratam o assunto com naturalidade e distância. O mesmo evento, com a mesma regularidade e padrão, parece acontecer ao longo de uma grande artéria central de outra grande cidade asiática, Singapura. Ainda que a densidade e o custo do metro quadrado não sejam em Singapura tão extremos quanto em Hong Kong, há também a construção de uma sociabilidade das empregadas domésticas

O LUGAR DO OLHAR

de origem comum, filipinas em sua maior parte, em espaços públicos centrais. Da mesma forma, esse fenômeno parece fazer parte da vida urbana e é visto com a mesma sensação de banalidade.

Esse pequeno relato pode nos mostrar duas importantes características sobre os espaços públicos e a exposição pública. Em primeiro lugar, não parece que essas mulheres estejam reivindicando nenhum tipo de reconhecimento, pelo menos de forma consciente. O fato de elas ali se encontrarem tem talvez relação direta com a centralidade do local, e o encontro parece ter origem na necessidade de quebrar o isolamento e de reforçar os laços de contato de uma comunidade expatriada que se reúne simplesmente pelo prazer do encontro, sem nenhuma outra demanda em pauta. A primeira constatação é, portanto, a de que espaços públicos nos colocam sempre em exposição e transformam qualquer atividade em expressão, mesmo quando não há um objetivo precípuo nesse sentido.

A segunda característica é a banalidade que a cena tem na vida urbana dessa cidade e o caráter eventualmente extraordinário que pode ter para alguém que esteja visitando a cidade, apenas de passagem. A vida urbana se estrutura como cenas. As cidades se definem por aquilo que se faz mostrar, por aquilo que se faz visível, mas também por aquilo que se adivinha, ou se deduz existir sem necessariamente estar presente ou visível. É mais ou menos como quando vemos uma imagem e deduzimos, pelo que vemos, aquilo que não está sendo mostrado, mas que deveria fazer parte da cena se a abertura do olhar ou do enquadramento fosse maior. No cinema, diríamos o "fora de campo", ou seja, tudo aquilo que, sem estar inteiramente visível na tela, participa da compreensão da cena como se estivesse ali por inteiro; em suma, o invisível não é inexistente.* Assim, mesmo sem conhecermos nada da sociedade urbana da cidade de Hong Kong, ao vermos essa cena construímos uma compreensão que mostra e engloba muito mais do que aquilo que efetivamente vemos. A surpresa do visitante é o caminho dessa compreensão.

Na vida das cidades modernas, há um lugar onde a exposição se transformou em regra, o espetáculo é contínuo, o olhar não descansa: são os espaços públicos.**

---

* Essa discussão, às vezes, em sua forma clássica na teoria do cinema, parece tautológica pois na experiência comum do campo visual temos obstáculos, sombras e "vemos" diversas coisas que nos são invisíveis do ponto de vista físico.

** As Exposições Universais, ou internacionais, que criaram notoriedade desde meados do século XIX são um bom exemplo da ideia de que as novidades de todo tipo devem ser expostas

• O LUGAR DO OLHAR •

Podemos, por isso, dizer que as cidades se apresentam comumente para nós como um conjunto de cenas, como um álbum de imagens produzidas nesses espaços públicos.

Ao discutir o espaço visual da cidade, Argan argumenta:

> É evidente que, se nove décimos da nossa existência transcorrem na cidade, a cidade é a fonte de nove décimos das imagens sedimentadas em diversos níveis da nossa memória. Essas imagens podem ser visuais ou auditivas e, como todas as imagens, podem ser mnemônicas, perceptivas, eidéticas. Cada um de nós, em seus itinerários urbanos diários, deixa trabalhar a memória e a imaginação. [...] ser-nos-á fácil observar que, justamente como nos quadros de Pollock, não há nada de gratuito ou de puramente casual: o emaranhado dos sinais, observado atentamente, revelará certa ordem, uma repetição de ritmo, uma medida de distâncias, uma dominante colorista, um espaço enfim.*

---

aos olhos do público na cidade e, em vez de salões de exposição, ruas e pavilhões são criados e/ou montados para abrigar essas novidades.

* Argan, Giulio C.. *História da arte como história da cidade*, Martins Fontes, São Paulo, 2005, p. 233.

Essas cenas são o produto da articulação e da interdependência de três esferas: uma física, uma comportamental e outra de significação. Em outras palavras, há uma morfologia diferenciada que orienta ou define tipos de comportamentos e atitudes. A leitura deles está diretamente relacionada ao lugar onde tudo isso se passa, isto é, as significações estão associadas ao lugar físico onde ocorrem. Esses lugares físicos são posições dentro de um sistema complexo e essas posições têm sentidos, atributos, qualidades. Tudo isso intervém na produção de significação. Por isso insistimos, lugares, práticas sociais e sentidos têm que ser pensados em conjunto.* O espaço público também é então o resultado da articulação dessas três dimensões. Esse espaço de comunicação se ativa pelo recurso narrativo que traduz valores e significados em composições e arranjos de imagens que são espacializados. Aliás, comumente nos referimos a uma "cena pública", palco e enredo da vida pública na modernidade.**

---

* Na sociologia de Goffman, essa relação aparece muito fortemente, embora de maneira indireta, nas noções que ele utiliza de "ação situada", ou na expressão "ambiente de comportamentos". Ver, a esse respeito, Goffman, Erving. *Comportamento em lugares públicos*, Vozes, Petrópolis, 2010.

** Uma explicação mais extensa se encontra em Berdoulay, Vincent; Gomes, P. C. C. e Lolive, Jacques (dir.). *L'Espace public à*

O LUGAR DO OLHAR

As cidades são compostas por um corpo social, submetido a certas regras de coabitação. Esse corpo está estabelecido sobre um espaço que condiciona e qualifica as ações sociais. Os espaços públicos são uma dessas formas de classificação dos espaços, com seu repertório de qualidades e valores. Assim, é a partir dessa grade de leitura própria a esses espaços que é possível atribuir significados e valores aos objetos, às ações, aos comportamentos, que aí têm lugar. Chamamos de "cenário" esse conjunto de ações, objetos e significações unidos e simultâneos em um mesmo espaço. Queremos, a partir dessa denominação, ressaltar o caráter absolutamente interdependente dessas três dimensões – a física, a comportamental e a de significação – na construção da vida pública. A noção de *cenário* (conjunto de cenas) quer assim propor uma análise que tem como núcleo a espacialidade e a coloca em relevo na interpretação das ações e na compreensão dos significados que se inscrevem no espaço.

A partir daí, podemos, por exemplo, compreender de outra forma o como e o porquê de alguns espaços nas cidades serem mais ou diferentemente valorizados. Alguns

---

l'épreuve. Régressions et émergences, Maison de Sciences de l'Homme de l'Aquitaine, Bordeaux, 2004.

desses espaços da "cena" pública parecem monopolizar a expressão da vida urbana, concentram significações e exprimem identidades e esse processo é construído a partir de imagens. São áreas urbanas diversas que ganham centralidade no imaginário social, ganham afluência e frequência, recebem significações positivas. As pessoas se deslocam para lá, desejam "ver o que está acontecendo", "quem está lá", desejam assistir a um espetáculo que poderíamos chamar simplesmente de *urbanidade*. A ideia de *cena* tem a competência de conectar a dimensão física às ações, ou de associar os arranjos espaciais aos comportamentos e a partir daí interpretar possíveis significações.

Compreendemos também essa dinâmica como um motor de identidades. Os lugares onde se passam essas cenas, seus atributos, o público que aí se apresenta e seus comportamentos criam marcas, são formas de ser naquele espaço. Quando há mudanças nessas áreas ou deslocamento dessa centralidade do imaginário, há concomitantemente transformações profundas nas formas como pensamos uma cidade, mutações nas áreas urbanas significam uma transformação de sentido que deve ser acompanhada de uma mudança dos lugares e da imagem deles.

O LUGAR DO OLHAR

Na análise dessas imagens tomadas como cenas urbanas, devemos ser sensíveis aos elementos que tecem um enredo, uma trama, figurada ou fixada nas imagens. Que lugares são frequentados? Que atividades são realizadas? Como as pessoas se apresentam? Qual o ritmo do lugar? Que discursos são comumente associados a esses lugares? Por que as pessoas justificam sua presença neles? Essas, entre outras questões, podem ajudar a compreender os elementos que compõem as imagens, suas composições.

A trama é o resultado de inúmeras e variadas informações que se entrelaçam, formando um arranjo coerente. Cabe ao observador identificar e desemaranhar a organização dela, fazendo aparecerem os significados. Uma imagem ganha assim sentido, em grande parte, pela ordem e a coerência que a observação e a análise veem se inscrever nela. O deslocamento dos personagens, a passagem entre os ângulos escolhidos, a associação entre as formas e o conteúdo narrativo, os lugares que os requalificam, são alguns dos dados fundamentais dessa análise.

O objetivo é desvendar o conjunto das figurações espaciais e suas relações com o enredo ou a trama, ou seja, com a própria estrutura narrativa. A análise das cenas da vida social cotidiana não pode, todavia, seguir os mesmos passos daquela adotada para analisar uma obra de arte. Não há finalidade na vida social. Não há uma teleologia demiúrgica que organizaria toda a vida urbana e tudo que nela se apresenta. Não há intencionalidade, uma vontade absoluta que controla e organiza a eclosão dos movimentos das imagens; o sentido não é inteiramente desejado, nem construído.* Esses quadros da vida social, as cenas, são parcelas de um fluxo contínuo e imprevisível. Não há uma estrutura concebida e refletida que poderia ser desvelada como no cinema.** Não há uma estrutura intrínseca a eles, nem uma intencionalidade passível de ser desvelada.***

---

* O filme *The Truman Show* [O show de Truman], de Peter Weir, de 1998, é nesse sentido muito ilustrativo do que seria uma vida inteiramente roteirizada, transformada em espetáculo de um *reality show*. A vida pública e a vida privada se misturam, todos os outros personagens são atores e Truman atua, sem saber, em um grande cenário.

** Metz chama isso de "sequência fechada", ou seja, um discurso que tem limites, tem início, meio e fim. Metz, Christian. *A significação no cinema*, Perspectiva, 1977, pp. 34-35.

*** A tradição do *Theatrum Mundi* medieval supunha uma teleologia na vida que depois, na modernidade, se tornou muito menos generalizada. Essa tradição teve duas principais perspectivas. A primeira foi a de se conceber o mundo como um espetáculo tendo Deus como único espectador. A segunda fez

• O LUGAR DO OLHAR •

Participamos desses quadros muitas vezes independentemente da nossa vontade ou de nossa consciente ação. Podemos, e o fazemos frequentemente, explicar ou justificar nossa atitude através de uma razão de ordem pragmática imediata, por exemplo a vontade de tomar um café, de descansar, de passear, de ir à praia etc., mas, ao fazê-lo e independentemente de nossa decisão, estaremos participando de um espetáculo, compondo uma cena, sendo simultaneamente objeto e sujeito de uma encenação. Nossa ação se soma a muitas outras e produz efeitos inesperados e não dirigidos. Os espetáculos da vida social se sobrepõem sem que necessariamente possuam coerência entre si. Eles são assim múltiplos, variados. Se os cenários são muitos, as possibilidades de leitura e interpretação são quase infinitas.*

---

do mundo um espetáculo divino, com todo seu enredo e sua coreografia dirigidos por Deus. Dessa segunda perspectiva derivou a ideia de que as cosmografias deveriam ser descrições desse espetáculo divino, resultando em obras como *Theatrum Orbis Terrarum*, de Ortelius, e *Theatrum Mundi et Temporis*, de Gallucci.

* Essas perguntas foram tratadas a partir de múltiplos ângulos em diferentes publicações: Gomes, P. C. C. e Góis, M. P. F.. "A cidade em quadrinhos: elementos para a análise da espacialidade nas histórias em quadrinhos", *Cidades (Presidente Prudente)*, 2008, v. 5, pp. 17-32; Gomes, P. C. C.. "De la démocratie

PAULO CESAR DA COSTA GOMES

Os planejadores urbanos, em diversos momentos, bem tentaram, por exemplo, criar rígidos cenários. Fachadas, desenho de ruas, perspectivas, monumentos, regulamentações e orientações sinalizadas no espaço indicavam – e, mais do que isso, deveriam guiar e dirigir – sistemas de condutas, de relações, enfim criariam um conjunto de dinâmicas previstas e esperadas. A autonomia da forma, ou a determinação dela sobre o comportamento, deveria agir no controle e na previsão de atitudes e nas maneiras de viver esse espaço. A prática, no entanto, não cessa de demonstrar que a vida social escapa amplamente desses quadros normativos e morfológicos e se reapropria deles com uma

---

de sable au nouveau communautarisme: le cas des plages cariocas", In: Laurent, Vidal (org.). *La Ville au Brésil (XVIIIe-XXe siècles) naissances et renaissances*, Rivages de Nantous, Nantes, 2008, pp. 303-313; Gomes, P. C. C.. "Imagens da cidade e cidades imaginadas: confusões, perigos e desafios", In: Oliveira, Marcio Piñon; Coelho, Maria C. N. e Corrêa, Aureanice (org.). *O Brasil, a América Latina e o mundo: espacialidades contemporâneas*, Lamparina, Rio de Janeiro, 2008, pp. 314-330; Gomes, P. C. C.. "Sobre territórios, escalas e responsabilidade", In: Heidrich, A.; Costa, B.; Pires, C. e Ueda, V. (org.). *A emergência da multiterritorialidade*, ULBRA, Porto Alegre, 2008, pp. 37-47; Gomes, P. C. C.. "Cidadãos em festa: os espaços públicos entre razão e emoção", In: *Anais do Congresso Internacional da UGI*, Buenos Aires, 2007.

enorme imaginação e uma incomensurável variedade de modos. É preciso admitir: nossa capacidade de antecipação é bastante limitada.

O poder compósito das imagens urbanas

No século XIX, o pensador inglês Charles Lyell acreditava ser a geologia uma ciência capaz de ler a história da terra gravada nas pedras. Ele estabeleceu como princípio geral que as forças que agem sobre a terra hoje são as mesmas que agiram no passado, daí decorre, portanto, a possibilidade de ler nas rochas o registro dessa história — "essas matérias constituem o alfabeto e a gramática da geologia, elas nos fornecem a chave de interpretação para os fenômenos geológicos."* Lyell seguia uma imensa tradição hermenêutica de leitura e interpretação que se fundamenta no pressuposto de que há uma narrativa coerente e geral a ser desvendada na observação dos fenômenos, sendo, aliás, esse o papel da ciência. Na geografia, as paisagens, as regiões, as nações foram também, algumas vezes, tomadas como portadoras

---

* Bowker, Geoffrey. "Les Origines de l'uniformitarisme de Lyell: Pour une nouvelle géologie", In: Serres, Michel (dir.). *Éléments d'histoire des siences*, Bordas Cultures, Paris, 1991, pp. 387-405, p. 392.

PAULO CESAR DA COSTA GOMES

de mensagens gerais, gravadas em suas formas e composições. A morfologia e seus arranjos comporiam uma verdadeira gramática, um sistema de signos.* Morfologias são testemunhos, registros, o espaço é visto como uma sequência acumulativa de arquivos-mortos. Cosgrove estudou como essa concepção foi cara à Escola de Geografia de Oxford no final do século XIX e como ela mantinha relações muito próximas com os ensinamentos do influente crítico de arte John Ruskin.**

Com esse papel reservado à morfologia, compreendem-se todas as hesitações do geógrafo Milton Santos em tra balhar com o conceito de paisagem e sua franca opção pelo conceito de espaço.*** O registro não tem outra função senão aquela de falar daquilo que

---

* Na geografia, podem ser encontradas muitas referências que seguem essa perspectiva. Ver, a esse respeito, por exemplo, a coletânea organizada por Corrêa, Roberto L. e Rosendhal, Z.. *Paisagens, textos e identidade*, EdUerj, Rio de Janeiro, 2004. Para reconhecer essa proposta morfológica na história da geografia, ver, por exemplo, Gomes, P. C. C.. *Geografia e modernidade*, Bertrand Brasil, Rio de Janeiro, 1996.

** Cosgrove, Denis. *Geography and Vision: Seeing, Imagining and Representing the World*, I. B. Tauris, Los Angeles, 2008.

*** Santos, Milton. *A natureza do espaço. Técnica e tempo: razão e emoção*, EDUSP, São Paulo, 1996.

resulta de algo que passou e já não é mais atuante. Na paisagem há como a fixação de um sentido, o espaço é prisioneiro daquela "escrita", da mensagem que foi a ele associada.

A forma particular de as imagens veicularem sentidos, sua natureza compósita, associativa e aberta, muitas vezes tem sido comprometida pela imposição de um formato textual de análise. Essa "textualidade" das imagens espaciais aparece frequentemente, por exemplo, nas abordagens que pretendem ler a cidade como uma inscrição, influenciadas pela proposta antropológica de interpretar a cultura como um texto. Como disse Lynch, uma cidade pode ser legível desde que haja uma coerência em seu conjunto, com os elementos se combinando de forma clara e reconhecível.* Essa coerência, contudo, não é geral, não é sempre a mesma. A coerência é dada ou construída por aquele que a observa e dependerá da maneira que ele o faz, do foco de suas observações e do fio condutor de leitura que for utilizado por esse observador. Em outras palavras, a coerência não é única e total, não é própria ao conjunto da cidade, ao conjunto de suas formas e concernente a tudo que nela se passa. A interpretação que coloca esse conjunto dentro de uma lógica federadora é apenas

---

* Lynch, Kevin. *A imagem da cidade*, Martins Fontes, São Paulo, 2006.

uma proposta de explicação, é uma escolha em meio a muitas outras possíveis.

Ler imagens espaciais da cidade dessa forma pode resultar em um procedimento análogo a certa tradição de ler, por exemplo, filmes como um texto.* Eles podem ser tomados como simples forma de ilustração de ideias concebidas em outros campos e discussões que nada tinham diretamente a ver com o filme.**

Um comum derivativo dessa analogia com o texto é considerar a centralidade de um "autor", de emprestar a ele intenções, vontades e finalidades. Toda a coerência é buscada nesse núcleo autoral de alguém ou de algo que procura um resultado e à sábia interpretação cabe desvendá-lo. Na cultura cinematográfica, a crítica fundada nessa perspectiva autoral apaga a parcela do trabalho coletivo de produção do qual os filmes são o resultado, exagera a vontade e a contribuição do diretor em detrimento de todos os outros partícipes. Sem dúvida, se assim fosse, a vontade e a expressão unificada na figura

---

* Ver, por exemplo, Aumont, Jacques et al.. *A estética do filme*, Papirus, São Paulo, 2007, capítulo 4.

** Stam, Robert. *Introdução à teoria do cinema*, Papirus, Campinas, 2006, p. 218.

do "diretor" teriam uma coerência geral e uma global confirmadas.

Na interpretação do mundo urbano, muitas vezes também se trabalha com essa ideia de que há um "diretor", de que há uma intencionalidade e uma finalidade de um grupo ou de uma parcela das pessoas que se impõem às outras. Mais uma vez, essa construção é comodamente ancorada na unificação dos agentes e na injusta apreciação da potência daqueles que ela enxerga como meros pacientes, passivos e "dirigidos", personagens coadjuvantes.

Assim, a leitura das imagens espaciais, muitas vezes, consiste na simples apresentação de um ponto de vista globalizante, gerado a partir de um "pacote" analítico fechado e fundamentado em lógicas completamente estranhas ao que ele quer interpretar. Há um total menosprezo pela observação e pela análise situada. Quando esses pacotes são aplicados para explicar a cidade, as imagens urbanas são tomadas como simples pretextos, sem nenhum peso explicativo. Perde-se, assim, a capacidade de conceber um estatuto epistemológico próprio à análise do espaço, uma vez que ele é apenas um produto derivado ou, como dissemos antes, o revelador de ideias que existem independentemente dele.

Na expressão de Certeau, as cidades reúnem histórias múltiplas, fragmentadas em variadas trajetórias, "sem autor, nem espectador".* Somos tentados, entretanto, a dizer o contrário: que são fragmentadas e múltiplas, pois são a obra de variados autores e inúmeros espectadores que são, aliás, exatamente os mesmos. Como ler os textos cotidianos que se criam e se desfazem, que não têm um começo e um fim? Como encontrar um sentido estável e geral naquilo que está em contínuo movimento? Como encontrar sentido naquilo que não foi preparado para seguir uma ordem única e rigorosa?

As propostas de proceder à interpretação da literalidade do espaço, na maior parte dos casos, embora reclamem uma influência direta da antropologia interpretativa, não respeitam uma das regras básicas da interpretação que é a observação acurada dos sistemas de significação particulares e locais.** A leitura não respeita as categorias estruturantes para cada caso. Quando observamos os espaços e inquirimos as pessoas sobre eles, podemos perceber o quanto categorias como interno, externo, cheio, vazio, vertical, horizontal, aberto

---

* De Certeau, Michel. *A invenção do cotidiano, 1 – Artes de fazer*, Vozes, Petrópolis, 2008, p. 171.

** Como diria Geertz, por meio de uma descrição densa. Geertz, Clifford. *Interpretação das culturas*, Zahar, Rio de Janeiro, 1973.

fechado, alto, baixo, padronizado, espontâneo são importantes como marcadores que dividem as coisas e classificam-nas. Sabemos também como essas categorias podem ser pouco "universais", ou seja, como elas podem ser relativas e seu entendimento aludir a coisas bem específicas e apenas compreensíveis dentro de uma lógica local. Essas categorias nos falam da arte de organizar o espaço e de sua compreensão. Essas categorias são imagens. Nem sempre elas se apresentam como em uma escritura, não são fixadas em códigos estabilizados e, sobretudo, não seguem uma hermenêutica fechada ou uma grade interpretativa preestabelecida.

As cenas urbanas são antes de tudo imagens em movimento, experiências físicas, experiências visuais de um espaço, em um espaço. Como trabalhar com essas imagens? Quais são os veículos pelo qual elas transitam? Onde elas estão fixadas? Talvez possamos a seguir explicar isso de forma mais clara.

Novos meios, novas imagens e a experiência do mundo

Que relações existiriam entre as novas formas de produzir imagens, seus veículos, seus protocolos de difusão e nossas experiências cotidianas nas cidades? Como poderiam essas imagens corresponder a objetos estéticos, remetendo-nos a dimensões simbólicas que nos são comuns?

Tomemos uma experiência banal e cotidiana de alguém que se encontra em uma área central de uma grande cidade. A experiência sensível que essa pessoa tem certamente incluirá a escolha dos percursos. Nessa trajetória ela será confrontada com diversos focos potenciais de atenção, nas formas de arranjo físico do espaço, naquilo que nele se oferece ao olhar, à exposição: comidas, roupas, acessórios, equipamentos, objetos variados, ou seja, todo gênero de mercadoria e de serviços; o tipo e o grau da frequência de determinados lugares, o movimento dos veículos; o comportamento das pessoas, suas vestimentas, seus estilos, seus ritmos; o sistema de sinais de indicação, as sinalizações de fluxo e de suas diferentes categorias, as mensagens publicitárias; as diferentes morfologias espaciais e seus atributos e estados, graus e diferenciais de luminosidade, de sons etc..

O exemplo não é fortuito. Esse mundo de encontros e atividades, de fusão do ordinário com o extraordinário, de exposição e de construção da trajetória em face de tantas outras se chama nas sociedades modernas de espaço público. Espaços Públicos são, como vimos, os mais importantes espaços de exposição. Esses espaços

definem um modelo de visibilidade. Nas palavras de
Isaac Joseph:

> O espaço público é uma ordem de visibilidades destinadas
> a acolher uma pluralidade de usos ou uma pluralidade de
> perspectivas [...] o espaço público é uma ordem de interações
> e de encontros e pressupõe por isso uma reciprocidade
> dessas perspectivas.*

Esse mundo de coisas e atividades se apresenta às pessoas
sem uma ordem unívoca e preestabelecida, depende
dos percursos, das trajetórias, as coisas terão diferentes
importâncias e chamarão a atenção dependendo do
tempo disponível e, sobretudo, dos interesses particulares e da sensibilidade de cada um. As variáveis tempo
disponível, interesse e sensibilidade farão as pessoas
percorrerem esse ou aquele caminho, naquele ou em
outro momento. Essas escolhas ditarão os encontros
possíveis e farão as pessoas cruzarem outras trajetórias,
de outras pessoas. Esses cruzamentos são aleatórios,
descontínuos, variados. O acaso pode criar o interesse
ou chamar a atenção, o olhar pode ser atraído pelo

---

*Joseph, Isaac. *La Ville sans qualité*, L'aube, Paris, 1998, p. 31.

inusitado, pelo extraordinário, mas será também guiado pelo interesse ordinário que levou aquela pessoa a se dirigir para aquele lugar seguindo um determinado trajeto.

Em alguns dos espaços das grandes metrópoles contemporâneas essa experiência pode ser muito intensa, vertiginosa, pela potência desses encontros. Mergulhamos em um ambiente visual e sonoro bastante carregado, pois nesses espaços há sempre muita densidade visual e um barulho de fundo mais ou menos constante, ou seja, eles guardam sempre um nível de densidade audiovisual residual importante. Em meio a essa já densa atmosfera, surgem, originários de diferentes posições, múltiplos focos de intensidade superior que procuram extrair a atenção e fixar nosso interesse: formas, cores, sons, luzes, volumes, movimentos, efeitos etc..

Essa multipolarização reflete a eclosão de pequenos eventos, simultâneos, descontínuos, que podem ter um caráter repetitivo e ritmado ou não. Esses microeventos podem ser programados, estrategicamente desenhados para atrair a atenção e "dar" visibilidade a alguém ou a alguma coisa com um objetivo final preciso: vender, convencer, cooptar etc.. Eles também podem, entretanto, ser fruto do mero acaso, do acidental, do encontro imprevisto com algo ou alguém que, por razões muito

O LUGAR DO OLHAR

variadas, é capaz de capturar a atenção e criar um campo de visibilidade, sem que isso fizesse parte de uma estratégia premeditada ou estivesse submetido a um fim preciso.

O inusitado sempre se beneficia da atenção nesses espaços, ele marca uma interrupção na continuidade dos fluxos, pontua o ordinário. Esse inusitado, no entanto, não é apenas ou mesmo quase nunca, o espetacular. Podem ser mínimos detalhes, pequenas alterações dentro daquilo que é comum. São esses pequenos "incidentes" que singularizam nossos momentos de percepção nesses ambientes densos.

É fácil perceber que essa dinâmica gera uma clara consciência da incapacidade de vislumbrar o conjunto daquilo que está acontecendo. Nenhum ponto de vista é competente e suficiente para dar uma sensação de abrangência. A escolha de uma posição para observação no espaço é a escolha das menores limitações em face dos nossos interesses. Temos plena consciência de que somos incapazes de processar toda a informação contida nesse universo de muitos ritmos, de muitos fluxos. Não seríamos capazes de dar sentido ao conjunto dos eventos, sabemos que encontrar um sentido federador não é possível.

Hoje, fala-se muito de fragmentação dos espaços nas grandes metrópoles, o exemplo de Los Angeles, nos Estados Unidos, está entre os preferidos, em parte pelo diagnóstico de que existe nessa cidade uma falta de centralidade manifesta. Há, no entanto, forte integração física dos espaços urbanos na cidade, por isso é incorreto falar em fragmentação espacial. O que parece não haver é uma experiência integrada entre os habitantes. Essa experiência fragmentada é, no entanto, comum ao universo de todas as grandes metrópoles. Os habitantes de qualquer uma das grandes metrópoles no mundo ouvem nomes de localidades que fazem parte daquela aglomeração, mas aonde eles jamais foram e não têm nem a oportunidade, nem a curiosidade ou simplesmente a vontade de conhecer.

Se a experiência dos habitantes é fragmentada, se eles têm clareza sobre a impossibilidade de criar um sentido único, um nexo, uma coerência global para todas as atividades e movimentos, se no cotidiano o que conhece são suas pequenas narrativas, feitas de múltiplas escolhas e do encontro com outras pequenas narrativas, então, parafraseando Jean François Lyotard, esse é o fim das metanarrativas que pretendiam explicar a totalidade dos problemas e da vida urbana.*

---

* Lyotard, Jean-François. *A condição pós-moderna*, José Olympio, São Paulo, 2002.

O LUGAR DO OLHAR

A renúncia a essa veleidade de encontrar um sentido global, unificador, não significa desistir da teoria e da explicação, tampouco significa a adesão aos termos do debate que sugerem a eclosão de uma Pós-Modernidade. Significa simplesmente a constatação da plurivocalidade da experiência atual no quadro dessas grandes unidades espaciais que são as metrópoles e a complexidade de entender seus significados.

Dissemos anteriormente que a exposição não necessariamente depende de espectadores "perfeitos", orientados sobre o que ver, como ver e em que ordem ver. Dissemos também que, nesses casos, pode haver maior aleatoriedade do olhar, com um leque maior de possibilidades de compreensão. Acrescentamos que a abundância de sentidos não os elimina, mas, sem dúvida, compromete a univocidade das mensagens, que almeja chegar à compreensão de um sentido construído e arbitrado por aquele que dirige a exposição. Múltiplas mensagens podem ser construídas na fragmentação do olhar e na aleatória descontinuidade daquilo que é visto.

Já estamos aptos então a dizer que essas condições definem outro regime de visibilidade. Esse regime é aquele que passa a regular nosso olhar e nosso campo visual. Suas expressões estéticas são aquelas em que essas condições são colocadas em cena e em prática, tal qual na exposição do Pavilhão do Arsenal, nos sites eletrônicos ou nos videogames, para utilizar os mesmos exemplos já anteriormente citados.

Poderíamos acrescentar que hoje assistimos a filmes e sequências de imagens em lugares muito díspares, nos meios de transportes (aviões, ônibus, trens etc.), em estações e aeroportos, em lojas; assistimos a eles em pequenos reprodutores de CDs, em microcomputadores, até em telefones celulares – nossa experiência com essas imagens são necessariamente diferentes daquelas que temos em uma sala de projeção de um cinema tradicional. Nesses pequenos aparelhos, podemos acelerar as imagens, cortá-las, repeti-las, editá-las, ou seja, somos, nessas circunstâncias, espectadores bastante diferentes daqueles clássicos e virtuosos observadores descritos na sala de projeção.

Há uma historicidade desses regimes de visibilidade? Diferentes períodos correspondem, então, a diferentes regimes de visibilidade? Antes de continuarmos, é preciso ajustar um pequeno detalhe em relação ao estatuto da historicidade, da construção de períodos e de suas relações com a produção de objetos estéticos.

• O LUGAR DO OLHAR •

Imagens e seus veículos: problemas com a cronologia

É bastante comum que elementos de reflexão sejam apresentados segundo uma linha do tempo. Eles parecem assim encadeados pela espontânea derivação, sem que haja necessidade de se fazer qualquer demonstração lógica disso. Grave, no entanto, é o fato de que a cronologia termina por devorar qualquer outra lógica e isso não era o que se desejava nesta apresentação. Propositadamente, toda a argumentação até aqui oferecida foge de uma rígida sequência cronológica. Como bem disse Stam:

> Uma cronologia estrita também pode ser enganosa. A ordenação sequencial em si já traz o risco de implicar uma falsa causalidade: *post hoc ergo propter hoc* (depois disso, logo por causa disso).*

Então, não há uma história das representações espaciais do olhar, mas há diversas estórias, ocorridas em diferentes momentos, que procuram discutir a espacialidade do olhar, sua natureza, condições e limites. A renúncia à historicidade cronológica não se deve apenas à oposição

---

* Stam, Robert. *Introdução à teoria do cinema*, Papirus, Campinas, 2006, p. 17.

ao raciocínio genealógico e às suas necessárias relações de subordinação. Essa renúncia é a única maneira de garantir a simultaneidade de vários sistemas de visibilidade coexistindo. É a única maneira de não tomá-los simplesmente como mais atrasados ou mais atuais. Os exemplos desses regimes e de seus dispositivos são, por isso, quase infinitos e aqui só alguns poucos foram trazidos para colocar em foco as diferenças que mais nos interessam: o ponto de vista do observador, as composições morfológicas e as condições de exposição, ou seja, as qualidades que interferem diretamente na espacialidade do olhar. Essas formas de ver são diversas porque tornam visíveis diferentes coisas e possuem diferentes quadros espaciais para o olhar. Há vários regimes de visibilidade, construindo sínteses de experiências sensíveis e inteligíveis, elas também diversas e coabitando em nós.

O romancista francês Michel Houellebecq, em seu livro *La Carte et le territoire* [O mapa e o território], conta a história de um artista plástico, Jed Martin, que alcança grande sucesso fazendo fotos dos mapas de regiões da França editados pela empresa Michelin.* Essas fotos são apresentadas em uma exposição que se denomina "O mapa é mais interessante do que

---

* Houellebecq, Michel. *La Carte et le territoire*, Flammarion, Paris, 2010.

o território". Logo depois, o mesmo artista, à semelhança de Vermeer, se põe a pintar uma série de quadros com o tema das profissões (série *des métiers*). O último quadro dessa série é dedicado à profissão de escritor e o retratado é o próprio Michel Houellebecq, que se transforma, assim, em personagem do livro. O escritor não é a única pessoa pública a figurar na trama do livro. Outras personalidades conhecidas (um famoso apresentador do jornal televisivo, um romancista também muito renomado, entre outros) estão presentes e são descritas com grande liberdade ficcional – o primeiro teria feito uma declaração pública de sua homossexualidade na televisão, o segundo seria viciado em cocaína e o próprio Houellebecq é descrito com crueza e sem muito encanto. As referências aos lugares são sempre muito precisas, com nomes e localização exatos de galerias de arte, de restaurantes, de bares etc.. Além disso, o livro é entremeado de textos da internet, retirados integralmente da versão francesa da enciclopédia eletrônica *Wikipedia* sem que haja qualquer citação das fontes. Imediatamente, esse livro se tornou alvo de muita polêmica e discussão e chegou a ser colocado integralmente na internet, mas logo uma ação da editora impediu essa situação.

O conteúdo do livro bem poderia ser um elemento a mais nas discussões sobre representações espaciais e visibilidade, mas o que mais nos interessou nesse exemplo foi o próprio formato, um livro. Livros são elementos associados à chamada "Galáxia Gutemberg", como diria McLuhan, ou à "Grafoesfera", nas palavras de Debray, ou seja, de outro período, e o que nos interessou foi perceber como esse elemento foi capaz de se reinventar, incorporar tanta contemporaneidade e ter uma estratégia de "visibilidade" tão eficiente, permanecendo em sua forma de romance. Esse é um argumento fundamental para que, definitivamente, não se tome o fácil caminho da cronologia das formas de expressão como elemento único ou isolado de legitimidade.

A independência estética

A palavra estética provém, mais uma vez, do grego e tem originalmente o significado de percepção ou sensação. Em meados do século XVIII, Alexander Gottlieb Baumgarten empregou pela primeira vez essa palavra para designar um ramo da filosofia dedicado ao tema do belo, de sua natureza e de seu possível julgamento. Essa denominação surgiu também nessa época para afirmar a independência do julgamento estético em relação aos outros, ou seja, o belo não é racional e não é moral como antes costumava-se afirmar. Essa independência significa que a ordem estética não devia estar submetida ao regime de verdade estabelecido pelo conhecimento, pela ciência, nem deveria ser associada aos valores morais estabelecidos a cada momento como os melhores. A criação e o julgamento estético poderiam e deveriam seguir seus próprios ritmos, estabelecer seus próprios limites e encontrar seus próprios critérios de legitimidade. Essa independência é descrita como uma das maiores conquistas da modernidade artística.*

A modernidade teve, no entanto, um atávico fascínio pela historicidade, mais especificamente pela periodização. Criar períodos significa, antes de tudo, delimitar um intervalo de tempo que classifica eventos, manifestações, concepções, processos etc.. Um procedimento básico nessa compulsão classificatória é aquele

---

* Essa independência é muito mais clara no sistema de Kant e um pouco mais matizada nos ideais estéticos de Hegel, uma vez que para esse último há uma historicidade do belo. Essa discussão é muito mais profunda do que aqui disporíamos de espaço para apresentá-la. Para mais esclarecimentos, ver, por exemplo, Jimenez, Marc. *O que é estética*, Unisinos, São Leopoldo, 2006.

que procura associar diversas coisas oriundas de campos muito diversos em uma mesma ordem estrutural global. O exemplo mais recente é a chamada Pós-Modernidade.

Uma vez identificada uma manifestação com esse nome, seja qual for a área, logo depois, imediatamente, começa-se a criar analogias e procura-se constituir uma coerência entre coisas tão diversas como arte, religião, política, desenvolvimento técnico, entre muitas outras coisas, e tenta-se criar uma homogenia e um repertório de características comuns que seriam todas relacionadas à estrutura de base daquele período. Logo, quem diz Pós-Modernidade diz, por exemplo, Pós-Estruturalismo, ou Pós-Industrial – o relativismo do primeiro está correlacionado à afirmação dos particularismos do segundo, refletido numa estrutura social mais complexa e variada do terceiro... e assim sucessivamente. Os egressos do materialismo histórico não deixariam passar a oportunidade sem que pudessem creditar mais uma vez a preeminência das mudanças na base material, ainda que talvez sem a mesma convicção. O insigne geógrafo David Harvey foi nesse sentido um pioneiro ao traçar as possíveis relações entre as manifestações pós-modernas na arte, na arquitetura, na política e associá-las às mudanças

• O LUGAR DO OLHAR •

no sistema produtivo daquilo que ele chamou de capitalismo tardio.

O crítico americano Fredric Jameson descreve muito bem e sem qualquer prurido como, partindo de uma periodização preestabelecida, faz coincidir manifestações, criando analogias que são muito mais fruto dessa categorização preestabelecida. Diz ele, a propósito do cinema:

> Pode-se esclarecer a história do cinema, ou pelo menos estabelecer um distanciamento crítico dela, recorrendo-se à teoria dos períodos, ou seja, à proposição de que suas tendências formais e estéticas são governadas pela lógica histórica dos três estágios fundamentais da cultura secular burguesa ou capitalista como um todo. Esses estágios que podem ser identificados como realismo, modernismo e pós-modernismo não devem ser entendidos apenas em termos das descrições estilísticas das quais derivam; mais do que isso, essa denominação nos coloca diante do problema técnico de construir a mediação entre um conceito formal ou estético e um periódico ou historiográfico.*

---

*Jameson, Fredric. *As marcas do visível*, Graal, Rio de Janeiro, 1995, p. 159. Acrescentamos que a preeminência da "base material" aparece algumas linhas adiante: "A concepção de período proposta aqui precisa incluir a economia nos sentidos mais amplos e variados (desde o processo trabalho, a tecnologia, a organização das empresas, as relações sociais de produção e a

• 215 •

Um dos maiores problemas desse tipo de construção é a prisão analítica que se ergue no exame dos fenômenos. Parte-se de um programa que procura identificar traços comuns ou analógicos que possam configurar uma coerência geral para todas as manifestações, seguindo um critério meramente de "conformidade" ao tempo. Logicamente, essa prisão relativiza a propalada independência da criação estética, na medida em que julgará as iniciativas de acordo com as possíveis ligações com as características eleitas como típicas daquele período e só aquelas que assim aparecerem serão consideradas.

Além do grave problema metodológico que é aquele de partir de uma classificação *a priori* para uma servil identificação daquilo que se encaixa nela, esse raciocínio, tão esquemático, impede de tratar de tudo aquilo que está fora dessas rígidas e caricatas figurações da história. De fato, a periodização não é vista como uma classificação possível em meio a outras, como um instrumento para demonstrar ou chamar a atenção para certos processos. Ela é tomada como um dado, como uma "realidade" básica, capaz de ser o instrumento

---

dinâmica de classes e ritmo de reificação, incluindo ainda o dinheiro e formas de troca)" (pp. 159-160).

explicativo estrutural, o único. Tudo que assim não se molda ao "espírito" do período é tratado como extemporaneidade: por um lado, como resquício ou testemunho do passado ou, por outro lado, como prenúncio ou presságio do que está por vir.

A análise contextual é uma das marcas mais generalizadas nas Ciências Sociais desde o século XVIII. Ninguém é capaz de sustentar a independência dos processos em atividade na vida social, quaisquer que eles sejam. Por isso, nem de longe nossa argumentação pretende afirmar que poderia existir uma independência das expressões estéticas em relação a esses contextos, muito ao contrário. É necessária justamente a análise deles para compreender essas manifestações. A fundamental contextualização, no entanto, quando transformada em esquematização periódica, retira a inteligência da análise em prol da estreita classificação. Quando o contexto de uma época se transforma em absolutismo dos períodos, o que se perde é justamente a riqueza do raciocínio em prol de um determinismo global, analiticamente pobre e metodologicamente incorreto. Todas as manifestações se reduzem a um punhado de características que se tornam prisioneiras de esquemas interpretativos. A estética, mas não apenas ela, perde a autonomia, torna-se um espelho, toda criação se reduz à mera transposição de ideias do universo material ao universo simbólico da arte.

Vimos anteriormente que novos modelos de visibilidade, inéditos modelos exposicionais, estariam associados às experiências vividas, sentidas e pensadas na vida cotidiana dos grandes centros urbanos. Para isso, buscamos exemplos nas práticas de navegação nos sites eletrônicos, em determinados videogames e em alguns modelos organizacionais de exposição em um recente evento em Paris, que apresentava novos projetos urbanos para a cidade. Acrescentamos nessa oportunidade que esses regimes de visibilidade se associavam às formas de sensibilidade comuns experimentadas, por exemplo, na vida urbana das grandes metrópoles.

Devemos agora acrescentar que, muito embora essas manifestações sejam bastante recentes, elas correspondem a sensações que não são exclusivas dos habitantes contemporâneos. Desde o século XIX, há muitas cidades nas quais as vivências se aproximam daquilo que esses exemplos, em parte, exprimem: a escolha individualizada e variada dos percursos, a aleatoriedade dos encontros, a abundância informacional, a velocidade dos ritmos, a fragmentação das experiências, a simultaneidade de pequenas frações narrativas e a falta de elementos globais federadores.

• 218 •

• O LUGAR DO OLHAR •

Por isso, é fácil compreender que essas novas formas de produzir e veicular imagens não existem simplesmente como um mero reflexo das novas condições de vida nas grandes metrópoles, não se justificam apenas para dar conta dessa sensação. Essas sensações, relatadas como comuns a esses exemplos e à vida cotidiana nas grandes metrópoles, nem mesmo são exclusivas do momento em que essas fórmulas de expressão aparecem. A vida social não se estrutura segundo um esquema tão mecânico e derivado, como muitíssimas vezes alguns comentadores parecem conceber.

Isso não quer dizer que não existam mudanças e formas de expressão particulares em diferentes contextos históricos e sociais. Poderíamos, sem muito esforço demonstrativo, relacionar, por exemplo, a fragmentação da vida social à tendência a procurar refúgio em circuitos fechados, nas redes de relações e comunidades. Nas redes sociais eletrônicas, como nas cidades, criam-se repertórios exclusivos, linguagens, verbal, gestual, de vestuário, comportamental, que definem grupos de afinidade, comunidades, e, quanto maior o número desses grupos exclusivos, maior a sensação de que se vive compartimentado.

O ponto de vista aqui sustentado é que essas experiências e essa estética não são um mero reflexo, um fenômeno derivado. Elas refletem sensações vividas, mas não são a "tradução" direta de uma experiência "real" sobre outro plano, nesse caso o "virtual". Elas podem nem ser exclusivas e, por isso, não parece correto serem vistas como as mais apropriadas ao momento, como as mais adaptadas à expressão de um período. O fato de pessoas se reunirem em redes telemáticas de afinidade (Orkut, Facebook, entre outros), criando repertórios comuns de referência, um novo "espaço" e "tempo" dos eventos e um novo modo de interação com tudo o que isso implica, pode ser correlacionado à vida social urbana mais atual. Igualmente, pode-se estender a mesma correlação à fragmentação do tecido das cidades, à estrutura em redes da vida urbana contemporânea, à vivência de exclusividade espacial e social que está sendo de alguma forma valorizada nos dias atuais, entre outras muitas características. Esses dois universos claramente podem ser correlacionados, o que não devemos talvez fazer é submeter um ao outro, explicar um como derivado do outro, pois, assim estamos assumindo a velha ideia de variáveis independentes causais, explicando as dependentes consequentes. Pode haver correlação entre fatos sem haver completa subordinação. Esse ponto de vista pode ser mais rico pois poderá observar não apenas aquelas características que são dadas como correlativas, mas também os fenômenos com um mínimo de independência e ineditismo.

Isso também justifica o porquê de trazermos o exemplo do romance *O mapa e o território*. A forma romance se aproxima em tudo dos cânones artísticos do século XIX e, no entanto, a interação direta do autor na trama como um personagem, a inserção de textos retirados da internet, com sua linguagem e seus protocolos facilmente identificáveis, a mistura entre o virtual e o vivido – tudo isso faz parte de um repertório bastante contemporâneo, atual.

Queríamos agora fazer um caminho inverso e mostrar que um tipo de personagem identificado e descrito para o século XIX tem seu lugar e sua oportunidade garantidos nas sociedades urbanas atuais. Nosso exemplo é o *flâneur*.

O observador da cidade

A expressão *flâneur* e seus derivados parecem ter surgido no século XIX. O significado central contido nela é o de caminhar sem objetivo preciso, deambular, vagar, vagabundear. Há também, no entanto, uma conotação prazerosa que se associa à caminhada para a contemplação. O *flâneur* é aquele indivíduo que percorre as ruas da cidade movido apenas pelo interesse de observar, de olhar despretensiosamente para espetáculo que se improvisa nas ruas. Claramente, esse tipo de prática está relacionado às transformações vividas nos espaços urbanos dos grandes centros a partir do século XIX, quando a frequência e a permanência nessas áreas começaram a ser vistas como fontes de prazer. Essa apreciação positiva era o exato contrário de grande parte das descrições feitas dos centros das cidades no final do século XVIII.

No século das Luzes, o fluxo de sol que levava a olhar pela janela geralmente não conduzia a olhar as ruas da cidade e isso em parte pela mais prosaica das razões: aqueles que andavam pela cidade eram levados a fazer um percurso entre os dejetos dos cavalos, águas usadas e o lixo doméstico sobre as vias geralmente não pavimentadas. Os miasmas patogênicos estagnavam, os odores de legumes passados, de peixes ou carnes avariados agrediam os sentidos, as emanações mais desagradáveis da natureza se apresentavam em todo um concentrado fedor.*

Ruas sujas, malcheirosas, sombrias, perigosas, desagradáveis, malfrequentadas – compreende-se por que

---

* Sennett, Richard. *La Ville à vue d'oeil: Urbanisme et société*, Plon, Paris, 1992, p. 117.

• O LUGAR DO OLHAR •

a exposição nessas ruas era evitada e considerada um espetáculo de mau gosto associado apenas às populações pobres.* A partir do século XIX surgem novas demandas de espaços urbanos e uma nova mentalidade sobre a função e a gestão dos seus usos. Há uma concomitância entre o desenvolvimento de novos espaços públicos, novas atitudes sociais em público e a constituição de um novo público, tudo isso solidariamente construído a partir do desenvolvimento daquilo que Habermas identificou como esfera pública.**

No caso de Paris, muitos associam essa nova atitude, a chamada *flânerie*, às modificações trazidas pelas grandes obras feitas no Segundo Império por Haussmann. Isso não é, no entanto, muito verossímil, uma vez que, por exemplo, a data de publicação do livro de Charles Baudelaire, onde figura esse personagem, foi a mesma do começo das obras de renovação parisiense (1857).

---

* Há uma imensa bibliografia que contempla esse tema. Ver, para o caso de Paris, Corbin, A.. *Le Miasme et la jonquille: L'Odorat et l'imaginaire social aux XVIIIe et XIXe siècles*, Champs Flammarion, Paris, 1982; e Farge, A.. *Vivre dans la rue à Paris au XVIIIe siècle*, Gallimard, Paris, 1992.

** Habermas, Jürgen. *Mudança estrutural da esfera pública: investigações quanto a uma categoria da sociedade burguesa*, Tempo Brasileiro, Rio de Janeiro, 1987.

Muito mais plausível é pensar que os trabalhos de renovação do Segundo Império na França já se incluíam na ambiência dessa nova atitude urbana. Aliás, entre os elementos que teriam contado para a efetivação dos trabalhos, um dos mais importantes seria a impressão causada, anos antes, pela cosmopolita urbanidade londrina, durante o exílio de Carlos Luiz Napoleão Bonaparte, futuro imperador Napoleão III, sob cujo governo foi realizado o plano de renovação de Paris.*

Uma grande parcela do interesse nas Ciências Sociais despertado por Charles Baudelaire e pela atitude urbana que ele descreve provém dos textos deixados por W. Benjamin.** Foi ele quem demonstrou e valorizou a relação entre as mudanças na cidade e esse novo personagem que aparece nas poesias de Baudelaire. Benjamin concebia a possibilidade de ler no espaço físico das

---

* A cidade de Londres, desde o começo do século XIX, tinha começado a se adaptar aos novos tempos, com o plano de John Nash de perspectivas e grandes avenidas e a criação de grandes parques públicos (Regent's Park e St. James Park). A primeira grande exposição universal de 1851 foi também um marco na apresentação da nova urbanidade moderna dessa cidade.

** Benjamin, Walter. *Paris, capitale du XIXe Siècle. Le Livre des passages*, Éditions du Cerf, Paris, 1989.

• O LUGAR DO OLHAR •

cidades e nos comportamentos que aí têm lugar alguns dos fundamentos da vida social moderna:

> O coletivo é um ser incessantemente em movimento, incessantemente agitado, que vive, experimenta, conhece e inventa tantas coisas entre as fachadas dos imóveis quantos os indivíduos no abrigo de suas quatro paredes.*

Assim, para ele, a organização do espaço e seus personagens são a imagem da modernidade. Encontramos nos textos de Benjamin, sobretudo em seu estudo sobre as passagens parisienses, uma leitura matizada de "geograficidade". Isso quer dizer uma preocupação central da análise com a morfologia espacial, com as práticas sociais aí localizadas e com as significações assim criadas e veiculadas. Por isso, segundo ele, uma forma possível de interpretação é a análise atenta de alguns aspectos dessa vida urbana. Essa análise nasce da observação das imagens, da visibilidade, daquilo que nos aparece.

Não estamos tentando impor essa ideia de visibilidade ao pensamento de Benjamin; ela surge de fato

---

* Benjamin, Walter. *Paris, capitale du XIXe Siècle. Le Livre des passages*, Éditions du Cerf, Paris, 1989, p. 441.

de várias maneiras em seus textos.* Aliás, essa visibilidade está presente também em vários poemas de Baudelaire, sobretudo nas descrições contidas nos *Tableaux parisiens*, que se iniciam pelo poema denominado "Paisagem".**

O *flâneur* é um dos personagens que compõem a cena urbana, que exerce essa visibilidade. Ele observa incógnito, em seu próprio ritmo, os compassos das cidades. Sua ação é desprovida de uma funcionalidade estrita e clara; ele parece ocioso em um mundo de pessoas apressadas e ocupadas. Ele se mistura à multidão, mas guarda uma atenção sobre ela. Assim, ao mesmo tempo que ele é parte dela, se distingue, estabelece uma distância existencial ainda que esteja em situação de proximidade e de copresença.

A rua é o lugar desse personagem, como bem nos indica Benjamin — só aí ele ganha sentido, só aí seu comportamento é singular. Ainda que ele se distinga, não o faz de maneira ostensiva, é um observador

---

* Ver, por exemplo, comentários de Rolf Tiedemann na "Introduction", de Benjamin, Walter. *Paris, capitale du XIXe Siècle. Le Livre des passages*, Éditions du Cerf, Paris, 1989, pp. 12-13, p. 16.

** Baudelaire, Charles. *Les Fleurs du mal*, Livre de Poche, Paris, 1999.

• O LUGAR DO OLHAR •

discreto e faz dessa discrição uma estratégia para apurar sua observação.*

É necessário reconhecer algumas condições que fazem a especificidade do *flâneur*. Ele se movimenta pelas ruas. Sua conduta é, simultaneamente, parte do espetáculo que ele observa. Há uma reflexividade básica nesse olhar que observa e é observado.** Sua atitude é em tudo semelhante à dos outros passantes que atravessam a cidade, a diferença reside em sua atenção e em seu prazer contemplativo. A vida desse personagem é pontuada pelos encontros com pessoas e situações que o fazem pensar, observação e reflexão são atos contínuos nesse deambular, exterioridade e introspecção são

---

* Nas palavras de Benjamin, há uma dialética da *flânerie*: de um lado, o homem que se sente olhado por tudo e por todos, como um verdadeiro suspeito, de outro, o homem que não conseguimos encontrar, aquele que está dissimulado. Esta é provavelmente a dialética que desenvolve "o homem das multidões". Benjamin, Walter. *Paris, capitale du XIXe Siècle. Le Livre des passages*, Éditions du Cerf, Paris, 1989, p. 438.

** Isso aparece também na cidade, por exemplo, quando Benjamin diz: "A maneira como os espelhos captam o espaço livre da rua e o trazem para dentro do café faz parte também do entrecruzamento dos espaços – espaço dentro do qual o *flâneur* sucumbe inelutavelmente". Benjamin, Walter. *Paris, capitale du XIXe Siècle. Le Livre des passages*, Éditions du Cerf, Paris, p. 552.

características básicas desses personagens. As ruas da cidade moderna são o seu lugar.*

As cidades da modernidade estão cheias desses lugares por onde passamos e não permanecemos. O exemplo maior está para Benjamin nas passagens, galerias em forma de corredores pelas quais se atravessam blocos de edificações entre duas ruas. Todo o conjunto da cidade, com sua variedade, no entanto, se oferece ao caminhar do *flâneur*. A experiência vivida nessas áreas urbanas é fragmentada em decorrência disso, mas também o é em decorrência da diversidade dos encontros. O patrimônio construído remete a diferentes temporalidades, estilos e usos. O espaço se apresenta como justaposição de elementos, como mosaicos. A vida pública é intensa e variada, ritmada pela continuidade dos fluxos e pelos diferentes personagens e tramas narrativas que os conduzem.

Benjamin, ao se debruçar sobre essa ambiência e sobre os personagens que aí se configuram, foi um dos primeiros a reconhecer o interesse desse espetáculo

---

* Vale notar a diferença com o personagem Émile, de Jean-Jacques Rousseau, caminhando pelo campo para refletir. Igualmente, foi essa imagem de um caminhante solitário, errando pelos campos, aquela usada por Rousseau em sua autobiografia *Les Rêveries d'un promeneur solitaire*.

• O LUGAR DO OLHAR •

– "para o *flâneur*, a cidade [...] representa uma cena, um espetáculo".* A análise das formas urbanas integradas à vida social, aos comportamentos, foi para ele a maneira pela qual se revelava a modernidade. Ele foi, nesse sentido, um dos pioneiros em conceber que essa vivência urbana nos aparece como cenas, montadas como verdadeiros espetáculos da visibilidade da vida moderna.

Um olhar que não se fixa

Um belvedere, uma paisagem, um panorama são experiências de espetáculo visual. Muitas vezes, vamos a um sítio especialmente concebido para que nos fixemos em certa posição, ideal para a contemplação, esperamos nossa vez de olhar, nos colocamos como o indicado e podemos então desfrutar do espetáculo. A contemplação de uma pintura ou gravura também prevê um lugar para o observador e está construída para que seja admirada a partir de uma dada posição. Os filmes, em sua forma dominante de exibição, também nos indicam um lugar preciso para bem apreciá-los.

A experiência do olhar na vida cotidiana das nossas modernas cidades não se faz, no entanto, dessa forma.

---

* Benjamin, Walter. *Paris, capitale du XIXe Siècle. Le Livre des passages*, Éditions du Cerf, Paris, 1989, p. 361.

Há uma ruptura fundamental nas formas de observação de um quadro, de um filme, de uma paisagem e a observação da vida social nos espaços públicos. O olhar não se fixa, a narrativa não está previamente construída, não há um ponto de observação que nos separa inteiramente do espetáculo, o olhar do observador é parte dele.

Três são, portanto, as diferenças fundadoras da observação urbana: um olhar que se desloca, vagueia e escolhe; um olhar que é reflexivo, que é parte daquilo que observa; uma narrativa que não está fechada, organizada para um tipo de olhar, orientada para uma posição.

Dessa maneira, o olhar é móvel, como também o é, aliás, o próprio público. A mobilidade é um dado primordial nessa forma de observação. Nenhuma posição no espaço garante que tudo o que é essencial esteja sendo visto. A narrativa não está organizada e posicionada previamente, a atenção é ela também móvel. Finalmente, o olhar urbano é multifacetado e fragmentado, não sabemos como os eventos começam ou terminam, não temos uma melhor localização para vê-los, a assistência é ela mesma parte do interesse. Sem querer muito insistir nesse ponto já aventado anteriormente, que nos seja permitido apenas dizer que as condições de morfologia, o público e a narrativa mudaram − um novo regime de visibilidade surge: o olho da rua.

• O LUGAR DO OLHAR •

Esse é o centro do nosso interesse no personagem do *flâneur*. Esse personagem é aquele que *torna visível* esse novo regime de visibilidade. Esse observador que caminha é um olhar que se desloca. O movimento do olhar na cidade moderna é análogo ao movimento daquilo que ele observa: variado, fragmentado, parcial, incompleto e móvel. Além disso, pelas circunstâncias em que esse seu olhar se faz, ele é recíproco, entra em um sistema que prevê a troca. Por isso, nesses espaços pode-se ver sem falar, pode-se degustar o prazer da observação, mas há sempre a inquietação da reciprocidade. Esse olhar que observa não se interioriza completamente como quando contemplamos uma paisagem. Esse olhar construído na cidade é forçosamente composto de exterioridade. Por isso, Richard Sennett afirma que o olhar na cidade não pode oferecer a totalidade ao observador, mas pode compensar com a experiência da alteridade, desse movimento para fora – "em presença da diferença, as pessoas podem ao menos sair delas mesmas".*

Essa experiência urbana pode ter sido parcialmente a inspiradora de novas formas, por exemplo, de assistir a filmes. É comum se encontrarem comentários sobre uma

---

* Sennett, Richard. *La Ville à vue d'oeil: Urbanisme et société*, Plon, Paris, 1992, p. 155.

capacidade nova de visionar imagens, de fragmentar a atenção em diferentes meios de reprodução simultaneamente. Entre as pessoas mais jovens, sobretudo, chama a atenção o fato de elas simultaneamente escutarem músicas, lerem, assistirem a algo na televisão e falarem ao telefone. Múltiplas atividades que fracionam a atenção e a concentração. Não precisamos ir tão longe: os novos aparelhos de reprodução de imagens, computadores, DVD *players*, permitem que vejamos filmes avançando ou retroagindo, saltando sequências, que assistamos somente a parcelas desses filmes se assim o desejarmos ou que repartamos a projeção em diversos e diferentes momentos e, enfim, que ela seja compartilhada com diferentes ambientes e contextos.*

Certamente, qualquer que seja a modularidade permitida para que se assista a um filme, ele nunca poderá conter a aleatoriedade, a não intencionalidade e as infinitas possibilidades do devir contidas no mundo urbano. A analogia é permitida desde que não queiramos subtender que há uma sobredeterminação dessas experiências vividas no meio urbano das cidades modernas,

---

* Dentro da própria montagem do filme, um recurso possível é o *split screen*, que significa a divisão da superfície em várias zonas e, por isso, gera no espectador a sensação de simultaneidade e de multiplicidade.

• O LUGAR DO OLHAR •

criando meios de comunicação que as reproduzam perfeitamente, nem que essas formas de reprodução seriam mais "modernas" ou mais adaptadas ao período do que outras existentes. Qualquer raciocínio determinista e mecânico não é endossado pelo que se está querendo afirmar aqui. A analogia proposta não é perfeita, nem é desejável que o seja.

Já que estamos falando de afinidade, um desenvolvimento análogo com o que foi dito antes pode ser ressaltado no desenvolvimento da fotografia. A chamada *Nova Visão* não procura ser uma originalidade puramente gráfica, imitando a pintura construtivista:

> Ela procura traduzir a experiência concreta da "visão em movimento", esse contínuo passeio do olhar [...] Para esses fotógrafos, ultrapassar a visão perspectiva tradicional é, antes de tudo, levar em conta a realidade temporal multidirecional do olhar [...] esses espetaculares recortes modernistas não apenas renovam as formas tradicionais da composição nas belas-artes, mas também a ideia e o processo mesmo da composição, de agora em diante, compor, é se deslocar, é procurar seu lugar em face de um objeto e se conscientizar de que há uma posição do sujeito que o olha. Por isso, a fotografia é menos uma arte gráfica, ela é – como a dança ou o passeio – uma arte do tempo e do espaço. Em resumo, o novo fotógrafo é antes

• 233 •

um caminhante urbano e se aproxima do *flâneur*, sobre o qual afirma Benjamin "a cidade é um terreno sagrado".*

Transcender a perspectiva tradicional é, por isso, antes de tudo, fazer variar o ponto de vista, o ângulo da visão. Significa aceitar que haja mobilidade no olhar pelas diversas posições que ele pode assumir. Cada composição possível é um momento desse deambular. Percebe-se pois que, entre esses dois regimes de visibilidade, há a distinção de um olho que estava parado e que desde então começa a se mover, a navegar.

Apresentamos anteriormente o conceito de "cena", que, em uma abordagem geográfica, pode ser visto como a interação de três esferas, uma delas sendo a das significações. A análise da modernidade trazida por Benjamin também procura compreender significados através da associação entre formas físicas espaciais e comportamentos. Do ponto de vista epistemológico, podemos afirmar que ele abre caminho para que hoje nós possamos muito mais facilmente justificar a legitimidade desses procedimentos.

---

* Lugon, Olivier. "Le Marcheur", *Études photographiques*, 8 de novembro de 2000, postado em 20 de setembro de 2008: http://etudesphotographiques.revues.org/index226.html. Consultado em 23 de maio de 2011.

• O LUGAR DO OLHAR •

As significações, no entanto, evocadas por Benjamin para a interpretação da modernidade nessas "cenas urbanas" são, por vezes, bem marcadas pelo contexto da época. O comportamento do *flâneur* foi visto assim por ele como uma resistência ao capitalismo, como insubordinação à passividade de uma multidão doentia: ao mesmo tempo, o *flâneur* parece, às vezes, ser um dos vencidos pelo sistema, um nostálgico do ócio, as cidades são cinzentas e sujas, mas também agem como produtoras de imagens hipnóticas. Enfim, há todo um conjunto de elementos trazido por Benjamin que espelha uma preocupação de conformidade com certa compreensão que estava disponível e se impunha como necessária para julgar a legitimidade do seu trabalho. Assim, esses elementos são menos derivados de uma genuína observação e muito mais daquilo que já estava preestabelecido como figurações necessárias dentro do quadro das observações.*

---

* A obra de Benjamin reúne textos produzidos em momentos diferentes e algumas variações parecem refletir as hesitações manifestadas por alguns de seus pares diante do projeto por ele traçado. Segundo Tiedemann, as conversas que teve com Adorno e com Horkheimer em 1929 o fizeram mudar de atitude, se realinhando a uma interpretação de base mais claramente marxista. Ver a "Introduction", Benjamin, Walter.

PAULO CESAR DA COSTA GOMES

Compreendemos, assim, quanto pode ser difícil, até mesmo para ele, seguir o oportuno ensinamento de "educar em nós o elemento criador de imagens para ensiná-lo a ver de maneira estereoscópica e dimensional na profundeza das sombras históricas".*

Podemos talvez voltar à atualidade para afirmar que o espetáculo da publicização da vida social ainda é a tônica nos espaços públicos das grandes cidades. Assim sendo, a atitude de observação nesses espaços é ainda uma característica fundamental do nosso tempo. Os espaços públicos dessas grandes cidades são esses lugares onde ocorrem os múltiplos encontros. São também o lugar do inesperado, do imprevisto dentro das repetitivas rotinas cotidianas. Alguns elementos surgidos ao acaso das trajetórias espaciais são evocadores, despertam nossa atenção, nos fazem pensar. As experiências de visibilidade vividas nesses espaços são cada vez mais fragmentadas e parciais, pois a abundância informacional não cessa de crescer. A exposição nesses espaços continua a ser a marca forte e intensa da vida social urbana. O *flâneur* não é um testemunho do passado, um resquício,

---

Paris, capitale du XIXe Siècle. Le Livre des passages, Éditions du Cerf, Paris, 1989, p. 20.

* Benjamin, Walter. *Paris, capitale du XIXe Siècle. Le Livre des passages*, Éditions du Cerf, Paris 1989, p. 23.

ele atua entre nós, tem o seu lugar, nos dois sentidos dessa expressão, garantido em nossas cidades.

Talvez o que de mais importante haja a acrescentar seja o fato de esse comportamento não se confundir integral e exclusivamente com um personagem. Ele habita diferentes pessoas, em variados momentos, em diferentes circunstâncias; não é uma identidade fixa e uniforme, uma marca pessoal e essencial, podendo ser simplesmente uma atitude situacional e temporária.

De onde se observa?

As grandes cidades tomadas como o quadro físico específico da vida moderna foram também um dos temas centrais do trabalho de Georg Simmel, visto, aliás, como um dos fundadores da sociologia urbana.

Em sua sociologia geral, Simmel já havia valorizado a ideia de que na vida social há uma tensão fundamental entre a cooperação e o conflito. Nas grandes cidades, pela densidade dos laços mantidos, pela grande concentração de diferenças, se desenvolve, segundo ele, uma forte impessoalidade das relações: "Não há talvez fenômeno psíquico que tenha sido tão incondicionalmente reservado à metrópole quanto a atitude 'blasé'."*

---

* Simmel, Georg. "A metrópole e a vida mental", In: Velho, Otávio Guilherme (org.). *O fenômeno urbano*, Zahar, Rio de Janeiro, 1976, pp. 11-25, p. 16.

Uma vez que essa intensidade de estímulos é característica das metrópoles, conclui-se que a atitude *blasé* é parte integrante dos comportamentos mais generalizados dentro do quadro das grandes cidades modernas. Essa impessoalidade constitui, portanto, uma espécie de proteção contra os intensos estímulos gerados pela vida urbana moderna.

A essência da atitude blasé consiste no embotamento do poder de discriminar. Isto não significa que os objetos não sejam percebidos, [...] mas antes que o significado e valores diferenciais das coisas, e daí as próprias coisas são experimentados como destituídos de substância. Elas aparecem à pessoa blasé num tom uniformemente plano e fosco; objeto algum merece preferência sobre outro.*

Definido dessa forma, o comportamento *blasé* é um procedimento que restitui a indiferença do olhar em detrimento da afirmação da visibilidade. Se nada é capaz de atrair a atenção, nem é capaz de se distinguir diante do olhar, então a uniformidade indiferente se impõe como uma negação a qualquer observação, como uma generalizada opacidade. É fácil então perceber que

---

* Simmel, Georg. "A metrópole e a vida mental", In: Velho, Otávio Guilherme (org.). *O fenômeno urbano*, Zahar, Rio de Janeiro, 1976, pp. 11-25, p. 16.

a base da atitude *blasé* é constituída pelo inverso daquela que estrutura o *flâneur*.

Na vida urbana atual, há inúmeras formas de afirmação dessa indiferença nos espaços de convivência. A sutileza do olhar que atravessa objetos e pessoas sem vê-los pode ser reforçada ou explicitada pela utilização de alguns equipamentos, como, por exemplo, os reprodutores pessoais de música ou mesmo os telefones celulares, que criam verdadeiras carapaças de intimidade em meio a um espaço frequentado coletivamente. Isso não é, no entanto, uma prerrogativa exclusiva dos aparelhos atuais. A leitura de um jornal, de um livro ou de qualquer outra coisa que retenha a atenção pode indicar uma indisponibilidade daquele sujeito em ver o que se apresenta em torno, indica ao menos uma recusa inicial.*

Essas formas, explícitas ou não, de demonstração de que estamos em um "outro lugar" diferente daquele em que fisicamente nos encontramos com outras pessoas é um comportamento socialmente expressivo.** Postar-se opaco ao contato e à interação sobre um determinado

---

* Essas situações foram examinadas por Goffman naquilo que ele chamou de "Engajamentos de face". Goffman, Erving. *Comportamentos em lugares públicos*, Vozes, Petrópolis, 2010.

** Que se pense aqui, como formas de "extração do lugar", nas pequenas estratégias do olhar dentro de um elevador com pessoas estranhas, por exemplo.

espaço de exposição é fazer dessa opacidade um elemento de comunicação, portanto uma atitude expressiva. Os espaços de exposição transformam até mesmo a indisponibilidade ao diálogo em comunicação, em interpelação. A expressão da desejada "invisibilidade" é visível. Quando elas ocorrem em um espaço de exposição eles inevitavelmente se fazem ver, se apresentam ou se expõem. De onde podemos licitamente concluir que a natureza e o estatuto das atitudes mudam conforme o espaço onde elas ocorrem.

Um exemplo disso é o fenômeno do *voyeurismo*. Entendido de uma forma mais ampla, não somente sexual, o *voyeurismo* consiste na atitude de observar a intimidade, o privado, aquilo que não está em exposição. Tal como o caso do *flâneur*, essa contemplação *voyeur* gera prazer, mas, nesse caso, a observação é vista não como uma saudável apreciação de um espetáculo, mas sim como uma perversão patológica. É nossa obrigação reconhecer que duas situações espaciais estão envolvidas nesse diferente julgamento. A primeira é que a observação se faz sobre um objeto que não está em situação de exposição, não está em um espaço de exposição – está em um ambiente privado, íntimo. A segunda situação é que o observador se subtrai ele mesmo da observação, se esconde, usa de subterfúgios (lunetas,

O LUGAR DO OLHAR

câmeras, frestas etc.) para encontrar uma posição no espaço que o proteja da observação.

No *voyeurismo*, a posição espacial é um dado essencial, constituinte. O exibicionismo é a situação simetricamente oposta, mas em completo paralelismo. Repetimos: o que deve ser visto e como deve ser visto são disposições espaciais, lugares do olhar, regulados por regimes de visibilidade.

Olhos nos olhos

Stuart Hall, ao examinar o fenômeno das identidades sociais, propõe uma compreensão na qual haveria uma grande diferença entre a modernidade e suas identidades estáveis e fixas e a pós-modernidade, que ofereceria possibilidades de um mesmo indivíduo alternar múltiplas identidades intercambiáveis e fragmentadas.* Mais uma vez, as caracterizações propostas seguem o velho padrão das periodizações esquemáticas e generalizadas para cada período. Como foi dito antes, partir de uma classificação, nesse caso de uma periodização, e depois procurar episódios que se ajustam às características

---

* Hall, Stuart. *A identidade cultural na Pós-Modernidade*, DP&A, São Paulo, 2003.

descritas no período, parece ser um grave equívoco metodológico.

O *flâneur*, o *blasé* ou qualquer outra denominação de um tipo de comportamento não recobre todas as características de um sujeito social. Somos nós que, por facilidade e exagero, transformamos esses comportamentos em fundamentos das pessoas, criamos e estabelecemos personagens. As atitudes assim caracterizadas, do *flâneur* ou do *blasé* não necessariamente são fixas ou estáveis, nem talvez sejam mais ou menos frequentes do que já foram segundo uma lógica apenas cronológica. De fato, talvez elas variem em intensidade ou frequência a partir de variáveis situacionais, sendo a mais importante para os nossos propósitos aqui as relativas às configurações espaciais.

Poderíamos, como Erving Goffman, evitar qualquer estabilidade nessa noção de identidade e pensar mais em interações ou papéis.* Segundo essa proposta, os sujeitos sociais constroem estratégias para produzir imagens de si mesmos e se apresentam com elas no jogo social. Desde o momento em que nos colocamos em situação de copresença, imediatamente nosso comportamento adquire significações e se transforma

---

* O que foi chamado por Stuart Hall de sujeito sociológico.

• O LUGAR DO OLHAR •

em objeto de interpretação para o outro. Para Goffman, há um vocabulário de gestos, inflexões, posturas etc., que transmitem informação. Para que isso ocorra, é necessário que o uso desse vocabulário se estabilize com certas regras e combinações. É esse terreno comum que possibilita a produção e a transmissão de sentido. Como é óbvio, esse sentido se produz pela interação. Grande parte dessa interação se faz por meio de imagens.

Já desde os seus primeiros trabalhos, Goffman percebeu também que a posição no espaço era outro elemento fundamental para entender o comportamento das pessoas.* Assim, utilizando a ideia do teatro, ele sublinhou as significativas diferenças referentes à situação diante da "cena", ou atrás dela, na maneira de agir das pessoas.** O espaço é um componente básico

---

* O livro *The Presentation of Self in Everyday Life* (Anchor Books, Nova York) é de 1959, mas só foi traduzido para o português em 1985.

** Vale dizer que Goffman não afirmou que a vida social era como um teatro; ao contrário, chamou a atenção para o fato de que uma não se reduz à outra e para as grandes diferenças entre elas. No teatro tudo se faz ver e as tramas são escritas *a priori* em oposição à vida social. O papel do público também é, segundo ele, inteiramente diferente. A participação e o olhar desse público têm natureza diversa nessas duas circunstâncias,

dessas imagens pelas quais se constrói a interação social.

No livro *Relations in public*, lançado em 1971, Goffman se interessou particularmente pelo que ocorre ordinariamente nos espaços públicos.* Segundo ele, a ordem pública é construída por interações mediadas por comportamentos ritualizados e negociados que normatizam os contatos e regulam a proximidade nesses espaços.** A densa e intensa frequência gera conflitos em relação às distâncias, aos territórios pessoais, disputas físicas pela ocupação de espaços ou posições nele. Uma extensa gama de sinais, cumprimentos, olhares serve então para marcar, reservar, guardar, manifestar respeito aos espaços pessoais em situações de intensos contatos a que estamos expostos nos espaços públicos das grandes cidades. Esses sinais podem também servir para desculpar ofensas cometidas

---

como, aliás, tentamos demonstrar ao fazer apelo à ideia dos regimes de visibilidade.

* Goffman, Erving. *Relations in Public: Micro Studies of The Public Order*, Basic Books, Nova York, 1971.

** A explicação de Goffman para essa necessária regulação consistiria em uma fobia do contato que poderia induzir a agressões, invasões e constrangimentos advindos da situação de proximidade nessas áreas.

• O LUGAR DO OLHAR •

involuntariamente ou para estabelecer estratégias preventivas. Tudo isso regula a vida social nesses espaços segundo um modelo racional e convencional que permite diminuir os atritos nas relações entre as pessoas em situação de convivência e de copresença.

Um dos exemplos utilizados por Goffman foi o da circulação das pessoas nas calçadas. Como evitar as colisões, como se orientam os fluxos dos passantes, como saber quando se deve ceder passagem ou quando é possível ultrapassar? Essa microssociologia do cotidiano das ruas está interiorizada em todos nós, habitantes das cidades e nós nos utilizamos desse sistema, emitindo e lendo sinais e mensagens que orientam e regulam os comportamentos e trajetórias nesses lugares.

É possível perceber que essa atividade de emissão e leitura de sinais e mensagens se realiza pela contínua e dinâmica produção de imagens, de visualidades. Muitos comentaristas da obra de Goffman já chamaram a atenção para o fato de que ela apela para uma valorização da leitura visual, seja nos problemas que aponta, seja mesmo na maneira como ele os descreve, passando da descrição de uma cena para outra.* As descrições funcionam assim quase como fotografias, como quadros,

---

* Daí também a proximidade com os procedimentos analíticos de Walter Benjamin.

PAULO CESAR DA COSTA GOMES

fixando o olhar sobre determinados aspectos que, a despeito de fazerem parte do fluxo cotidiano de eventos ordinários que conhecemos, comumente não os vemos.

É necessário sublinhar a originalidade de Goffman ao tratar da imagem e de seus mecanismos de exposição, naquilo que chamamos de espetáculo público. Ao contrário da fácil denúncia de manipulação, da sociedade do espetáculo, que tem sido a via dominante;* em vez de ver as imagens como simples mercadoria dentro de uma lógica capitalista de exibição da arte burguesa, Goffman concebe um público que é consciente dos jogos de representação; mais do que consciente, o público é cúmplice na produção desse jogo – não há, por isso, propriamente uma dualidade entre representação da realidade e realidade das representações.** Isso nos ajuda a conceber os espaços desse público como um lugar de atividade e não apenas de assistência passiva e embriagada. Esses espaços passam a ser lugares onde exercitamos o uso dessas linguagens comunicacionais, de produção de imagens e de apresentações

---

* O expoente dessa concepção foi alcançado pelo livro de Debord, G. *La Société du spectacle* (Éditions Gérard Lebovici, Paris, 1971), mas muitos outros seguem ainda essa mesma pespectiva.

** Ver, também, Berger, P. e Luckmann, T. *A construção social da realidade*, Vozes, Petrópolis, 1992.

O LUGAR DO OLHAR

mútuas. Não há, por assim dizer, um público diante do espetáculo; o público nesse caso é o próprio espetáculo. A reversibilidade e a refletividade dos olhares, a configuração morfológica desses espaços de exposição e as narrativas fragmentadas e parciais são as condições para isso.

Os espaços públicos são lugares demonstrativos, onde se afirmam valores, comportamentos, direitos e se conformam atitudes. Essas atitudes são expressivas pois adquirem efeitos pela audiência que garantem quando expostas. Para que isso seja eficiente, é necessário que sejam garantidas certas condições. Aquelas mesmas que foram descritas como condições modificadoras dos regimes de visibilidade: morfologia, público e narrativas. São essas condições que fazem com que percebamos manifestações de identidades, afirmação de atitudes ou simplesmente valores. Esses fenômenos nos são comunicados a partir de imagens e de suas exposições.

Um exemplo simples pode ajudar a refletir sobre isso, as praias cariocas.

A apresentação da cidade à cidade

Recentemente foram realizadas diversas entrevistas na cidade do Rio de Janeiro para a produção de um filme sobre espaços públicos.* Espontaneamente, muitos entrevistados apontaram as praias cariocas como um dos lugares públicos mais democráticos da cidade. Justificaram a opinião afirmando a mistura de diferentes tipos de pessoas, frequentando e convivendo em um mesmo lugar, convivência que para grande parcela dos entrevistados parecia "harmoniosa" e pacífica. Foi também muito lembrado o acesso indiscriminado permitido nas praias e a proximidade física entre estratos muito distantes na pirâmide social que se colocam ali lado a lado. Eis aí então a mensagem que se associa majoritariamente à imagem das praias cariocas.

Quase quinze anos antes, essas praias já haviam sido objeto de um estudo realizado pelo mesmo grupo de pesquisa. Nessa ocasião, foi feito um amplo levantamento, relacionando a localização ao tipo de frequência e ao tipo de agenciamento territorial. O caso mais profundamente estudado foi o da praia de Ipanema, na Zona Sul da cidade do Rio de Janeiro. Percebia-se nesse momento uma nítida demarcação de limites entre diferentes grupos, alguns muito claramente estabelecidos.

---

* O filme *Espaços públicos: a cidade em cena* foi produzido em 2010 pelo grupo de pesquisa Território e Cidadania, do Departamento de Geografia da Universidade Federal do Rio de Janeiro.

• O LUGAR DO OLHAR •

Na parcela conhecida como Arpoador, concentrava-se grande quantidade de jovens. As mulheres permaneciam quase sempre deitadas e os homens em pé ou sentados sobre a areia; frequentemente, ouvia-se música funk. Próximo ao mar, alguns surfistas ficavam em pé ao lado de suas pranchas. Essa é a parcela da praia onde estavam – e ainda hoje permanecem – os terminais de ônibus que se dirigem à Zona Norte da cidade. Além dos habitantes da Zona Norte, esse trecho era frequentado também pelos moradores de uma favela de Copacabana. A contiguidade entre surfistas, frequentadores de bailes funk, favelados e periféricos criou algumas oposições, mas gerou também alguns elementos que compunham um repertório comum de múltiplas referências. No final da tarde, quando os que vieram de longe já tinham partido, o Arpoador recebia também outras pessoas que vinham "assistir" ao pôr do sol.*

Imediatamente a seguir, em direção ao Sul, em frente ao Posto de Salvamento Oito, percebia-se um nítido contraste na concentração das pessoas. Um intervalo de pequena frequência entre o Arpoador e o trecho seguinte

---

* Tal descrição pode ser vista com mais detalhes em Gomes, P. C. C.. "Rio-Paris-Rio: ida e volta com escalas", In: *A condição urbana: ensaios sobre a geopolítica da cidade*, Bertrand Brasil, Rio de Janeiro, 2002, pp. 192-230.

ocupado pelo grupo dos GLS (gays, lésbicas e simpati-zantes), cujo aspecto era bastante compacto e nuclear. A compartimentação parecia muito bem-delimitada, pois toda a área em volta tinha uma ocupação bem mais rarefeita. As principais referências eram as barracas com as bandeiras em cores de arco-íris. A presença masculina era dominante e a densidade era crescente em direção ao centro do grupo. No mesmo ponto, junto à calçada, em torno de alguns aparelhos de ginástica, juntavam-se alguns jovens, adeptos de lutas marciais ou de muscu-lação que hostilizavam os GLSs.

Logo após esse trecho, novamente uma estreita área menos ocupada se estendia até a próxima concentração, diante do Posto de Salvamento Nove, visivelmente a parte mais povoada da praia. Nessa área, diversos grupos disputavam lugares. Havia os *de esquerda*, os *maconheiros*, os *Mauricinhos* e as *Patricinhas*, os que jogavam vôlei etc.. Alinhavam cadeiras e toalhas e criavam situações espaciais em que os roteiros para a passagem dos outros banhistas ficavam, mais ou menos, predeterminados pela distribuição dos objetos e das pessoas. Não há cos-tume de invadir esses espaços interiores e, quando assim ocorre, criam-se mal-estar e conflitos. A forma de orga-nização na areia tendia a reproduzir uma estrutura gros-seiramente triangular, pelas cadeiras, toalhas e cangas

O LUGAR DO OLHAR

alinhadas e pessoas sentadas em frente, formando um espaço fechado.

Finalmente, no último trecho da praia de Ipanema, ficavam as famílias. Elas costumavam distribuir objetos, cadeiras, toalhas, brinquedos etc. em formas circulares, e, a partir dessa distribuição, criavam uma clara e inconfundível territorialização que servia também como delimitação do deslocamento possível para as crianças.

Além desse tipo de distribuição, havia outra que seguia os períodos do dia. Adultos, idosos e crianças têm seus horários próprios, moradores ou não também. A partir das 11 horas, moradores de outros bairros começavam a chegar intensamente. Nos domingos de verão, o auge era atingido por volta das 13 horas, quando muitos moradores das proximidades começavam a ir embora. A praia permanecia cheia, no entanto, até por volta das 16 horas, quando a maior parte das pessoas que vinham de ônibus ou de metrô começava a voltar.

Essa composição nada tem de permanente. Transforma-se continuamente, seguindo um padrão extremamente irregular, varia com os dias da semana e a época do ano, recompondo-se a cada momento diferentemente.

Comportamentos, gestos, acessórios diversos, distâncias, geometrias da distribuição espacial, tudo isso produz imagens e comunica mensagens variadas.

As pessoas se apresentam nas praias de forma bem variada, a despeito da economia dos meios, das poucas roupas e dos poucos objetos. Há aqueles que se fixam e outros que estão em permanente deslocamento. Há um desfile ininterrupto de cenas. O ambiente de uma praia carioca em um dia de grande frequência é muito denso de significados. Duas grandes "vias" de circulação moldam a morfologia das praias: a primeira está disposta ao longo da linha da borda do mar, é ocupada por pessoas que se deslocam longitudinalmente ou que permanecem em pé; a segunda são as calçadas que acompanham as praias e são sempre muito frequentadas por pessoas que caminham. De tal forma é a configuração das praias que sempre há algo a ser observado e isso sob diferentes pontos de vista. O ato de observar é ele mesmo parte do espetáculo. As praias são um espetáculo, o público é o espetáculo.

As diferentes configurações e arranjos que se apresentam nas areias também são poderosos instrumentos produtores de imagens. Há quem queira ver nesses arranjos espelhos da sociedade. Por tudo que já foi dito aqui anteriormente podemos contestar essa metáfora que condena as imagens das praias a ser uma mera imagem reflexa da cidade, uma duplicação redundante. No Rio de Janeiro, podemos dizer que as praias da Zona Sul produzem imagens inéditas da cidade.

Em vez de reproduzir relações socioespaciais idênticas às da cidade, ela as reconstrói. As proximidades geradas pelos arranjos dos grupos nem sempre, ou mesmo quase nunca, têm correlação com os arranjos urbanos. Grupos afastados podem, na praia, encontrar-se em vizinhança. A proximidade pode dar lugar às alianças de interesse, que, às vezes, podem também acionar conflitos e exprimir uma oposição que tem menos oportunidade de se manifestar sobre os outros lugares da cidade. Aqui reside uma importância fundamental desse espaço público: colocar em cena papéis sociais, fazê-los falar e comunicar, fazer com que apareçam os conflitos, mas também, às vezes, resolvê-los.

O que na cidade é distante na praia pode ser próximo; o que na cidade é rarefeito e descontínuo na praia pode ser denso e compacto; e, o mais importante para o que vem sendo desenvolvido aqui nesta análise, o que na cidade é praticamente invisível na praia pode ser objeto de intensa observação.

Voltando ao início do exemplo trazido, da mensagem que está associada às praias cariocas, poderíamos obtemperar ao discurso apresentado sobre a democracia das praias o que hoje se expõe com maior ênfase sobre elas. O que se faz ver, o que se observa, com muito mais clareza nessas mesmas praias atualmente, é muito mais a afirmação dos grupos de afinidades, o desenvolvimento de um sentido comunitarista afixado em símbolos identitários e nas mensagens explícitas deles.

Procurar responder a essa dúvida para encontrar o que "realmente" as praias significam ou podem significar no imaginário carioca seria o mesmo que tentar fixar definitivamente uma identidade, uma imagem, uma narrativa para elas. Esse não é o caso e, tal como vimos para as atitudes, fixadas em personagens apresentados como conexos a um determinado período, devemos evitar o mesmo para a cidade.

As cidades são esses espaços onde exercitamos intensamente a difícil arte da convivência. Elas são, por excelência, espaços de trocas e de redes: econômicas, socioculturais, políticas e comunicacionais. São também o resultado de temporalidades espacializadas, de variados usos e atividades e de diferenciados domínios espaciais (público e privado, sagrado e profano, individual e coletivo etc.). Produzir uma identidade urbana é querer forjar uma unidade nessa multiplicidade, ou seja, eleger um sentido dentro da variedade de ações e práticas sociais que ocorrem dentro desse vasto quadro de possibilidades oferecido pelo espaço urbano. Encontrar imagens pelas quais todo esse universo possa estar representado pode não ser um desafio relevante.

• O LUGAR DO OLHAR •

Imagens que pretendem definir a identidade urbana restringem o sentido da cidade a uma ou a algumas significações muito particulares. Essa simplificação pode corresponder a uma estratégia para a afirmação de uma marca, de uma linha monotemática, mais fácil de ser fixada e, por isso, mais eficiente para produzir uma identidade. O turismo e a concorrência econômica entre cidades fazem frequentemente apelo a essa estratégia. A pluralidade de significados tem, todavia, uma dominância na vida urbana. As imagens são mais do que uma representação visual: elas são também conceitos, associações entre formas e ideias.* A imagem de uma cidade nunca se esgota, nem se exprime completamente em seus estampados clichês.

De fato, a cena pública é uma espécie de discurso que se constrói por meio de certos gestos, pela maneira de se apresentar (em grupo, sozinho, com a família etc.), pelas atividades desenvolvidas; pelas imagens criadas e lidas a partir de certos elementos, como roupas e acessórios; e pelos comportamentos, a maneira de falar e de se conduzir em face da diversidade de circunstâncias

---

* Seguimos aqui o raciocínio de E. Panofsky, quando ele apresenta, por exemplo, o conceito de imagem. Ver Panofsky, Erwin. *O significado nas artes visuais*, Perspectiva, São Paulo, 1982.

oferecidas nesse espaço. Os itinerários, os percursos, as paradas são igualmente significativos, demonstrando uma escolha, uma forma de particularizar e valorizar diferencialmente esse espaço. Em suma, essas manifestações são formas de ser no espaço.

Poderíamos, quem sabe?, dizer que as praias cariocas da Zona Sul são uma espécie de "tela", nos mostrando imagens, reproduzindo algumas, criando outras. Nosso entendimento dependerá do ponto de vista espacial que escolhermos (distância, morfologia, enquadramento etc.), do tipo de público que somos e das narrativas pelas quais olhamos essas imagens das praias. Notemos que essa ideia dos espaços como uma "tela interativa" é bem diferente daquela comumente utilizada dos espaços como simples "espelhos".

A imagem do espelho

É muito comum encontrarmos o uso da metáfora do espelho como um recurso para apresentar o espaço, especialmente o espaço urbano. A morfologia urbana e a organização do espaço são descritas como um integral reflexo da sociedade; assim elas nos são apresentadas e assim nos são explicadas. Dentro dessa concepção, tal qual em um espelho, a sociedade cria uma imagem espacial que é sua tradução morfológica concreta. A fisionomia da sociedade se encontra estampada no espaço. Por isso, a "leitura" dessas formas, ou sua descrição, fala diretamente da sociedade. As formas espaciais não a explicam, mas a descrevem. Há nessa compreensão uma separação e independência da sociedade em relação a essa espacialidade que ela constrói como um rastro material, um produto derivado dessas relações sociais abstratas. Trata-se assim de um espectro, uma imagem, um reflexo, e o apelo à ideia de espelho é bastante eloquente nesse caso.

Outra comum utilização da metáfora do espelho para o espaço é a construção de matrizes que relacionam personagens e lugares. Uns refletem os outros em um recíproco jogo de imagens. Essa construção é comumente empregada por trabalhos que afirmam uma identidade territorial e a partir dela passa-se a atribuir valores e atributos específicos a certas fisionomias espaciais e associá-las a personagens-tipo. Esse mecanismo é de fato identitário, na medida em que se pode apresentar um pelo outro, o espaço ou seu personagem-tipo, com um mesmo resultado. O efeito é criado pela descrição ou apresentação das características e por sua fixação em imagens. Essas imagens se somam e terminam por constituir um conjunto de figurações carregadas de valores e sentidos que se impõem com aparente naturalidade, como se fossem uniformes as áreas e os personagens que nela se incluem e como se houvesse uma magia pela qual espaços e pessoas encontrassem uma total equivalência. Esse recurso foi e ainda é muitas vezes utilizado, por exemplo, na literatura. No grande romance do século XIX esse recurso nos é descrito por Joseph:

> O romancista detinha um espelho mágico. [...] O romancista colocava em relevo detalhes importantes que caracterizavam a cena, ele fazia as pessoas falarem como era preciso naquelas circunstâncias, modificava o cenário quando alguma coisa importante devia acontecer [...]. Uma maneira de segurar esse espelho mágico frente à realidade social era transformar os lugares em personagens [...] Balzac, nas *Ilusões perdidas*, desvenda a cidade transformando em personagens alguns lugares de Paris.*

Não precisamos nos limitar ao século XIX, o recurso ainda é largamente utilizado hoje em dia. Basta ver o esquema básico das telenovelas brasileiras, que constroem narrativas inteiramente estruturadas a partir dessa coalescência entre lugares e personagens e criam toda tensão

---

* Joseph, Isaac. *La Ville sans qualité*, Éditions de l'Aube, Paris, 1998, p. 233.

• O LUGAR DO OLHAR •

dramática no choque entre esses núcleos, que são espaciais, comportamentais e de valores, caricatamente desenhados nas imagens que os veiculam. Notemos que os limites espaciais e as transgressões são ingredientes básicos dessa caracterização, e isso vale para os dois lados, personagens fora do lugar e lugares descaracterizados. A narrativa, seja ficcional ou acadêmica, tende a sublinhar essas "incongruências" como elementos essenciais da trama.

É isso que leva Jeudy a desenvolver em seu livro *Espelho das cidades* o raciocínio segundo o qual há uma disseminação de moralismo estético urbano pronto a reconhecer na precariedade uma forma de obra de arte, ou seja, nas situações de pobreza um mesmo desafio da soberania que caracteriza os países centrais, e pergunta:

> Se a obra arquitetônica suntuária, consagra a imagem da soberania de uma cidade nos países ricos, não representaria, por outro lado, uma obscenidade imoral nos países pobres?*

Como tentamos mostrar aqui desde o início, as coisas e seus lugares são pensados juntos e, portanto,

---

* Jeudy, Jean-Pierre. *Espelho das cidades*, Casa da Palavra, Rio de Janeiro, 2005, p. 153.

a generalização de processos, sejam eles de patrimonialização, de produção de singularidades, de valorização das arquiteturas efêmeras, sempre coloca o dilema de saber qual é o "lugar" dessas dinâmicas, o que há de específico nessas tendências gerais em suas diferentes localizações, ou, mais uma vez, o que se esconde atrás das aparências de similaridade das imagens desses processos? A maior parte dos autores sublinha a deslocada e falaciosa aparência de igualdade veiculada pelas imagens, em deformadores ou falsos espelhos. O uso dessa forma metafórica do espelho tem uma imensa sedução, uma vez que ela renova o velho esquema da denúncia daquilo que atrás das imagens está se escondendo.

Finalmente, há uma terceira forma de utilização dessa ideia de espelho, muito comum nos comentários sobre os espaços públicos. Trata-se da construção de imagens da alteridade, da consciência da diferença, que forçosamente temos na experiência cotidiana nesses espaços. Esse ponto é quase um consenso entre os autores mais consagrados que trabalharam com os espaços públicos. A observação do outro espelha minha presença, e esses espaços seriam constituídos pelo prisma que dá origem à constatação da multiplicidade da diferença.

Para Louis Wirth, as personalidades e os modos de vida diversos se avizinham no ambiente urbano, e o resultado é o desenvolvimento de uma visão relativista e, por isso, um aumento da tolerância em relação às diferenças.* Isaac Joseph chama a atenção para a noção de "estrangeiro", seja o migrante, o membro do grupo de afinidade ou simplesmente o desconhecido. A presença desse "outro" e o encontro com ele sobre um mesmo espaço foram importantes na construção de uma composição urbana, e isso desde os primórdios da modernidade urbana, estudada pela Escola de Chicago e em seus prolongamentos pelas teorias interacionistas de Goffman.**

Para alguns outros comentaristas, o problema dos espaços públicos nos dias atuais estaria justamente na perversão do projeto original desses espaços como lugares da exposição da diferença. Assim, por exemplo, para Richard Sennett, o olhar público que criou as condições para a vivência da diferença sofre da ruptura entre a vida interior e a vida exterior e, por isso, rapidamente se transformou em neutralização, em indiferença. A superabundância do espetáculo da diferença nesses espaços age também anestesiando o olhar e segundo ele:

---

* Wirth, Louis. "O urbanismo como modo de vida", In: Velho, O. (org.). *O fenômeno urbano*, Zahar, Rio de Janeiro, 1987.

** Joseph, I. e Grafmeyer, Y.. *L'École de Chicago: naissance de l'écologie urbaine*, Flammarion, Paris, 2009.

Ficamos submersos em imagens, mas a diferença de valor entre uma imagem e outra é tão passageira quanto meus próprios movimentos, a diferença torna-se um desfile de variedades.*

Sennett não é o único a apontar a deterioração crescente nos tempos modernos das imagens da alteridade proporcionadas pelos espaços públicos. Para muitos autores, nas sociedades contemporâneas, sociedades do espetáculo, a vivência da alteridade e a construção do eu estão fortemente comprometidas com o processo de fabricação das imagens. Para Kehl, por exemplo:

Na circulação das imagens o mecanismo das identificações é substituído pela tentativa de produção de identidades. Já não é mais com a imagem do Outro (ou com o discurso do Outro) que o sujeito tenta se identificar, mas com uma espécie de imagem de si que é apresentada pela mídia. [...] Com isso, a visibilidade não se constrói na ação política, nem pela participação em um grupo, mas depende apenas da aparição da imagem representada pela mídia.**

---

* Sennett, Richard. *La Ville à vue d'oeil: Urbanisme et société*, Plon, Paris, 1992, p. 163.

** Kehl, Maria R.. *Videologias: ensaios sobre televisão*, Boitempo, São Paulo, 2004, p. 158.

• O LUGAR DO OLHAR •

Esses três comuns usos da ideia da metáfora do espelho em sua associação com o espaço são tão corriqueiros que parecem não merecer maior atenção. Há, todavia, aspectos nesses usos que podem ser discutidos com maior profundidade. No primeiro caso, repete-se o mesmo problema, já antes apontado, de uma espacialidade que não atua; é uma imagem apenas elucidativa de um processo do qual é paciente, mero reflexo. Ao estabelecer o espaço como reflexo, tira-se dele qualquer papel ativo, a imagem é apenas reveladora, não há nenhum efeito reservado ao espaço, nem mesmo à imagem dele. Nesse caso, a metáfora do espelho serve tão somente para condenar o espaço a permanecer confinado a essa velha forma passiva.

Já no segundo caso, ocorre aquilo que se identificava como um processo de fetichização do espaço, ou seja, ele se transforma em personagem, com personalidade, com vontade, com sentimentos e intenções. Isso ocorre porque personagens e espaços são pensados como uma unidade orgânica, inseparável, uma espécie de "lugar próprio" de certos fenômenos e tipos. Nesse caso a metáfora do espelho funciona como uma imagem necessária de perfeita reflexão, de tal forma que as pessoas podem ser tomadas como um espaço, e um espaço pode ser tratado como uma pessoa, sem que haja prejuízo algum, sem nenhuma perda.

Nesses dois casos, o interesse epistemológico propriamente sobre o espaço é quase nenhum, uma vez que, no primeiro caso, ele é apenas um produto derivado, um puro reflexo, e, no segundo, nada há de exclusivo à espacialidade, ela se confunde com as pessoas em uma espécie de entidade fusional.

No terceiro tipo de uso da metáfora do espelho, a descoberta da alteridade, da diferenciação é atribuída aos espaços públicos. Se analisarmos a questão com um pouco mais de afinco, veremos que de fato o que chama a atenção nos espaços públicos não é simplesmente a diferenciação, mas sim o estatuto que essa diferenciação adquire. Em outras palavras, não é a exposição da diferenciação em si o que nos interpela nesses espaços, mas o direito que ela tem de se apresentar. Dessa forma, podemos dizer que aquilo que se faz ver nos espaços públicos é a equivalência dos diferentes. A similaridade abstrata dos indivíduos se superpõe à concreta dessemelhança deles nesses espaços, essa é a relação visível construída pela observação nesses espaços. Seria mesmo um pouco absurdo sustentar que a diferenciação é exclusiva de um universo público, uma vez que, em qualquer situação social, hierarquias, atributos, características diversas são elementos integrantes, em todos os tempos e espaços. Por isso, podemos talvez dizer que o efeito espelho nos espaços públicos é bem mais complexo do que simplesmente essa conscientização sobre as diferenças, ou essa construção da alteridade.

Em 1937, o pintor belga René Magritte apresentou uma tela da série "Traição das imagens", com o sugestivo título de "A reprodução proibida", em que um homem é representado de costas, olhando uma moldura na qual aparece refletida a imagem do mesmo homem de costas, como se fosse um quadro dentro do quadro, reproduzindo a mesma imagem.* Ao lado do homem e sobre um pequeno parapeito que parece ser de uma lareira, há um livro que está perfeitamente refletido, ou seja, no padrão de simetria e inversão comum aos espelhos. A imagem do quadro cria o desconforto de não se saber se a imagem dentro da moldura é um espelho ou um quadro: depende de para onde olhamos.

Ao mesmo tempo, essa imagem nos chama a atenção para o fato de que nessa posição o espectador está se vendo como observador, ou seja, se construindo como

---

* Museu Boijmans Van Beuningen, Roterdam: http://collectie. boijmans.nl/en/work/2939%20(MK). — "A reprodução proibida", René Magritte.

alguém que observa. Esse ângulo nunca nos é mostrado quando olhamos um espelho, mas é uma forma possível de nos representarmos como aquele que observa. Ganhamos um novo ponto de vista, como se saíssemos de nossa própria condição. Nessas circunstâncias, a alteridade é construída não pelo espetáculo do outro, como se a simples visão dele bastasse. A alteridade é construída antes pela experiência abstrata de me ver pelo ângulo daquele que observa, em posição de espectador distanciado de mim mesmo, e nisso constituindo as condições de ver a exterioridade do sujeito observador. Nesse sentido, a imagem que temos de nós é ela mesma uma representação passível de ser analisada e olhada com distanciamento. A ideia parece ser semelhante à de outra tela de Magritte, chamada, "Espelho Falso".* Nela, há um grande olho que, ao invés de reproduzir a velha metáfora de janela da alma, acesso ao interior profundo do eu, reflete, tal qual um banal espelho, um céu azulado e suas nuvens.

Nesses dois exemplos, a palavra reflexão retoma a dupla conotação que possui originalmente, de imagem reflexa do mundo e de atividade de fazer pensar a partir

---

* Museu de Arte Moderna, Nova York: http://migre.me/8Lhdm — "Espelho Falso", René Magritte.

daquilo que nos aparece. O sentido etimológico original de "curvar de novo" da palavra *reflexão* ganha um novo colorido a partir dessas considerações.

No começo do período renascentista, Alberti atribuía à fábula de Narciso a própria invenção da pintura, imagem perfeita refletida no espelho d'água, tão perfeita e bela que se transforma em objeto do amor. Ao pintor cabia reproduzir a realidade sobre uma superfície refletora. Desde então, o tema do espelho nas artes já recebeu muitos outros tratamentos: autoimagem em Van Eyck ("O Casal Arnolfini"),[*] relatividade dos temas e de pontos de vista em Velázquez ("As Meninas"),[**] rompimento dos cânones da perspectiva e da lógica da reflexão com Manet ("Um Bar do Follies Bergères"),[***] passando pelos espelhos vazios de diversos autores, até chegar ao "Grande Vidro", de Duchamp,[****] ou, mais

---

[*] National Gallery, Londres: http://migre.me/8LhyX. — "O Casal Arnolfini", Jan Van Eyck.

[**] Museu do Prado, Madrid: http://migre.me/8Lhtx. — "As Meninas", Diego Velázquez.

[***] The Courtlaud Gallery, Londres: http://migre.me/8LhD6. — "Um Bar de Follies Bergères", Édouard Manet.

[****] Philadelphia Arts Museum, Filadélfia: http://migre.me/8LhZD. — "O Grande Vidro", Marcel Duchamp.

contemporaneamente, aos autores como Anish Kapoor e suas experiências de espacialidades refletidas, como em sua obra denominada "Sky Mirror."* Em algum sentido, os espelhos podem ser a porta de entrada para outro mundo de representações e alegorias, espelhos mágicos como aquele que levava Alice ao País das Maravilhas.

As telas urbanas

O exemplo das praias cariocas tratadas como telas interativas da cidade, ou "espelhos mágicos", nos leva a fazer outra consideração: há lugares que ampliam a visibilidade, há escalas diversas de visibilidade na cidade. Isso nos remete de volta ao começo deste texto, onde apontamos as condições que intervêm na visibilidade e perguntamos como a localização poderia ser uma variável importante.

Espaços públicos são sempre espaços de exposição, mas há grandes diferenças entre eles, de natureza, de hierarquia, de alcance. Alguns deles, como as praias cariocas da Zona Sul, exercem uma forte centralidade

---

* Wellington Circus, Nottingham. Exposição em área pública. "Sky Mirror", Anish Kapoor: http://www.nottinghamplayhouse. co.uk/about-us/sky-mirror.

no imaginário da cidade e, por isso, são intensamente cobiçados por todos aqueles que disputam reconhecimento e visibilidade. É fácil perceber que certos logradouros concentram a atenção, repercutem os eventos, têm sempre olhos voltados para eles. Esses logradouros, por circunstâncias variadas, funcionam como uma espécie de cenário da vida urbana, um resumo das formas de sociabilidade, e constituem, assim, um ingrediente fundamental na definição dos traços que caracterizam cada cidade.

Por esse mesmo motivo, alguns logradouros atraem cada vez mais público, um público variado, seduzido pela possibilidade de participar do espetáculo da vida pública. Simultaneamente, quanto mais variado for o público atraído, maior será a centralidade desses espaços. Isso se reproduz até que haja uma inflexão, uma ruptura, e novos espaços passem a concentrar a atenção e atrair pessoas e olhares. Nesses momentos de ruptura e substituição, todo um universo de significações é redefinido. Personagens, estratégias e valores mudam e com eles o tipo, o estilo e os principais elementos da urbanidade. Um novo imaginário se organiza. Uma nova composição espacial se estrutura, ou seja, uma nova geografia nasce.

Quando isso ocorre, há um movimento de transformação nas leituras da própria identidade urbana. As imagens da vida urbana que se exprimem preferencialmente e com mais vigor têm seu conteúdo e suas dinâmicas alteradas. As mudanças no quadro espacial, nos gêneros de urbanidade e nos valores organizam novas cenas que desfilam, simbolizando outro gênero de vida.

Alguns espaços públicos centrais possuem um papel fundamental na definição da esfera de significações, geram capital simbólico, contaminam as leituras, orientam as narrativas que se associam às imagens. Quando, por exemplo, as praias da Zona Sul no Rio de Janeiro assumem esse papel, todo um universo de significações associados ao estilo de vida dessas praias ganha relevo, essas significações contagiam tudo o que ali se mostra. O repertório dos elementos aí presentes ganha uma coerência global – azul, mar, sol, prazer, ócio, corpos, nudez, mulheres, bronzeado etc. são elementos que se associam em uma nova composição cujo sentido global é dado pelos valores associados às praias. Essa composição nos é transmitida por uma infinidade de cenas que relacionam esses elementos de forma variada. Telas de projeção servem para contar histórias a partir da sucessão de imagens projetadas sobre um mesmo espaço. A praia é uma tela em permanente movimento de exposição dessas cenas.

Diferentemente do cinema, no entanto, as imagens projetadas não têm uma ordem preestabelecida, não colaboram para produzir um sentido final calculado, não há um roteiro nas ações e os atores não estão sendo dirigidos ou agindo conforme um *script* fechado. Essas telas da vida urbana são espaços de ritualização da vida coletiva, mas são também espaços de criação, de experimentação. Essa é uma propriedade formidável de certos espaços públicos centrais, eles reatualizam conteúdos, mas também agem para renová-los, suprimi-los ou reinventá-los. Esse processo, que é muito localizado, alcança uma repercussão muito maior, proporcional à capacidade de difusão daquelas imagens.

Os sentidos que se associam a determinados logradouros centrais, produtores de grande visibilidade, originam, portanto, um repertório de significados dentro de uma grande linha narrativa. Diferentes segmentos sociais que almejam reconhecimento e visibilidade querem participar dessa exposição, produzir sentido dentro dessa narrativa. Existir na cidade é frequentar ou aparecer em determinados lugares.

Por isso, alguns específicos espaços públicos constituem, nas cidades modernas contemporâneas, veículos privilegiados de comunicação social. O diálogo social difundido por comportamentos, atitudes, valores é obtido pela copresença, pela convivência, pelo confronto, pelo debate. Esses espaços são excepcionais. Podem ser praças, jardins, um conjunto de ruas, um cruzamento de avenidas, monumentos; pouco importa o modelo em sua origem, esses lugares concentram significações, são densos de sentidos, atraem o público e simbolizam a cidade. As cidades dispõem de lugares públicos excepcionais que colaboram, assim, de forma fundamental na construção de suas imagens. Por meio desses lugares de encontro e comunicação, produz-se uma espécie de resumo físico da diversidade socioespacial daquela população. Os espaços públicos são, portanto, concomitantemente, os lugares onde se celebra a vida urbana, a linguagem pela qual se identifica um tipo de urbanidade particular e a tela na qual nos assistimos, reproduzindo ou reinventando seus conteúdos.

Concomitantemente, a cidade também celebra a exclusividade de alguns grupos por meio de outros espaços públicos de menor visibilidade. São cenas particulares associadas a determinados grupos de afinidade que reservam para si áreas onde repertórios específicos comportamentos, atitudes e valores se afirmam. A visibilidade é limitada, a atração é, em geral, pequena, mas

O LUGAR DO OLHAR

há uma garantia de exposição que significa a possibilidade de sobrevivência e de reconhecimento do grupo, ainda que seja bastante limitado. Esses espaços são pequenas telas, de baixa audiência, mas garantem alguma visibilidade alternativa. Comumente, quando esses grupos veem a necessidade de ganhar maior reconhecimento ou notoriedade, eles se deslocam para espaços públicos mais centrais e mais frequentados, onde estão certos de que terão uma audiência ampliada. Espaços públicos são sempre espaços de exposição, variam em grau e alcance, mas garantem de qualquer maneira alguma visibilidade.

A forma cotidiana que uma sociedade encontra para se relacionar e viver com os seus espaços é também uma forma de significá-los. Percebemos facilmente que essas significações são construídas segundo referenciais. Percebemos também, ao analisarmos esses referenciais mais detidamente, que eles não cessam de se transformar. Toda nossa habilidade consiste em decifrá-los, exprimir suas significações em cada diferente momento e circunstância.

O espaço público é o lugar da *mise-en-scène* da vida pública, desfile variado de cenas comuns. O lugar físico orienta as práticas, guia os comportamentos, e estes, por sua vez, reafirmam o estatuto público desse espaço. Ele também é um lugar de conflitos, problematização da vida social, mas, sobretudo, é o terreno onde esses problemas são assinalados e significados. Por um lado, ele é uma arena onde há debates e diálogo; por outro, é um lugar das inscrições e do reconhecimento do interesse público sobre determinadas dinâmicas e transformações da vida social.

As cidades se olham

Do 110º andar do World Trade Center, ver Manhattan. Sob a bruma varrida pelo vento, a ilha urbana, mar no meio do mar, acorda os arranha-céus de Wall Street, abaixa-se em Greenwich, levanta de novo as cristas de Midtown, aquieta-se no Central Park e se encapela enfim para lá do Harlem. Onda de verticais. A gigantesca massa se imobiliza sob o olhar.*

A palavra "clichê" é comumente empregada para descrever situações previsíveis e repetitivas. Por isso, lugar-comum é um bom sinônimo. O uso da palavra "lugar", nesse caso, não escapa aos geógrafos e de imediato estimula discussões sobre os possíveis sentidos espaciais dessa

---

* De Certeau, Michel. *A invenção do cotidiano. 1 – Artes de fazer*, Vozes, Petrópolis, 2008, p. 169.

expressão. A palavra *cliché*, em francês, tem um duplo significado.* É utilizada no mesmo sentido do português, mas corresponde também às imagens gravadas sejam em fotografias, gravuras, chapas metálicas etc.. De fato, a origem técnica da palavra − folha metálica ou matriz, usada para a reprodução de imagens − é a responsável direta por esse uso ambivalente. Uma paisagem, uma vista ou panorama que são reproduzidos várias vezes e gravados sobre um suporte qualquer, fotografia, cartão-postal, pôster etc., é um clichê nesses dois sentidos. Essa conjunção é o que nos interessa aqui.

A imagem do Corcovado, no Rio de Janeiro, por exemplo, é um clichê nos dois sentidos: pela repetição de um motivo já visto inúmeras vezes e pela fixação desse motivo em uma imagem. Comumente, pessoas se deslocam até lá e ao chegarem registram ou gravam em uma composição, em um clichê, suas imagens junto ao Corcovado. Por intermédio de uma metonímia visual, o Corcovado é o Rio de Janeiro, portanto, a imagem

---

* Essa dupla conotação da palavra *cliché*, em francês, e seu interesse para as Ciências Sociais me foram sugeridos pelo sociólogo francês Francis Jauréguiberry, logo depois da projeção de um pequeno documentário sobre os espaços públicos, em 2008, na Universidade de Pau, na França.

diz: "Eu no Rio de Janeiro." Há, no entanto, outra boa razão para subir até lá: é possível ver a cidade, pelo menos grande parte dela. Quando olho do Corcovado, vejo a cidade; quando olho o Corcovado, vejo a cidade; quando olho da cidade, vejo o Corcovado.

Há uma reciprocidade do olhar, olhamos de posições diferentes coisas que são diferentes e vemos a mesma coisa. Na rua, quando sentamos em um banco público e olhamos os passantes, vemos a vida urbana; quando passamos, e vemos pessoas sentadas em bancos públicos, vemos a vida urbana. A experiência dos cafés parisienses é exemplar e identificada muitas vezes como fundadora. A imagem de pessoas placidamente sentadas à mesa de um café é, para o pedestre em deslocamento, o símbolo de certa sociabilidade associada à cidade de Paris; para aqueles que estão sentados, o pedestre em deslocamento nos bulevares é um espetáculo típico da urbanidade parisiense. Tão importante é essa atividade do olhar recíproco que, no inverno, quando as temperaturas impedem que se permaneça sentado ao ar livre, os cafés levantam paredes de vidro e orientam as mesas e cadeiras, que ficam, dessa forma, sempre voltadas para a rua e visíveis a partir dela, como vitrines.

O espetáculo público não depende aí do estatuto público do estabelecimento (cafés são estabelecimentos

O LUGAR DO OLHAR

privados); depende talvez da ideia de publicidade, que nesse caso se associa a esse tipo de visibilidade Poderíamos comparar, sem muitos problemas, essa dinâmica dos cafés às praias cariocas, diríamos que são análogas, são semelhantes − e as praias, ao contrário dos cafés, são públicas. O teor do espetáculo não muda, a disposição física, morfológica, é parecida, as posições intercambiáveis das pessoas que compõem o público também se assemelham, a narrativa tem o mesmo sentido global, o espetáculo urbano daquela cidade.

A palavra "publicidade" tem hoje uma conotação muito diferente daquela que tinha no século XVIII. Hoje a utilizamos preferencialmente para designar as estratégias que promovem a venda de produtos e serviços. Em suas origens, entretanto, essa palavra significava o ato de tornar público. Dar publicidade significava simplesmente apresentar, expor ao público. Voltamos assim para a ideia de exposição, já comentada antes como uma condição espacial. Por isso, nessa noção de publicidade, há o comprometimento direto do olhar e do espaço, do olhar público, da visibilidade.

O comércio nada mais fez do que potencializar essa visibilidade e tirar partido para dirigi-la aos seus objetivos mais imediatos, ou seja, vender. Como dissemos desde o princípio deste livro, há três condições que interferem diretamente na visibilidade sob uma abordagem geográfica: a morfologia do sítio onde ocorre, a existência de um público e a produção de uma narrativa dentro da qual aquela coisa, pessoa, fenômeno e o lugar que ocupa encontram sentido e merecem destaque. O comércio se vale simplesmente das condições morfológicas do espaço urbano, da presença do público, e reconstitui uma narrativa, fazendo com que essa exposição se apresente quase que exclusivamente como oferta, a serviço da venda.

A publicidade como ato de exposição ao público não está, todavia, condenada a ser inteiramente parasitada pelo interesse da venda. Tudo que se expõe ao público em determinadas circunstâncias morfológicas é objeto de observação permanente, sem que uma finalidade prática qualquer nos seja imposta. O exemplo mais imediato vem das próprias pessoas que compõem o público. Como vimos, elas observam e são simultaneamente observadas. Em espaços públicos, estamos permanentemente expostos à exposição, e é essa exposição que nos conforma como público.

Há muitos elementos e estratégias para ampliar ou capturar a visibilidade, como já vimos anteriormente, mas a simples presença é um ato de participação ativa. Recentemente, quando trabalhávamos com as tomadas

• O LUGAR DO OLHAR •

necessárias à produção do filme *Espaços públicos: a cidade em cena*,* percebemos facilmente como a simples presença de um equipamento de filmagem constituía um elemento denunciador da exposição e da visibilidade nos espaços públicos. Como a presença da câmera pode alterar o regime de visibilidade dos espaços? Já existem pessoas que se debruçaram sobre essa questão, mas dentro da ideia defendida aqui a presença da câmera apenas potencializa o olhar, deixa explícita, "faz ver" a visibilidade daquele lugar. Mais do que isso, talvez a câmera mostre também que o tipo de olhar desses espaços é sempre fundado na reciprocidade e no intercâmbio – tal qual o olhar lançado do Corcovado para a cidade e da cidade para o Corcovado.

O escritor francês Guy de Maupassant foi um dos ferrenhos opositores à manutenção da Torre Eiffel em Paris depois de terminada a Exposição Universal de 1889, da qual ela fazia parte e depois da qual deveria ser desmontada. Os contemporâneos de Guy de Maupassant, grande cronista da vida social parisiense do final do século XIX, ficavam surpresos, no entanto, pelo fato de

---

* Grupo de pesquisa Território e Cidadania, Departamento de Geografia da Universidade Federal do Rio de Janeiro.

que diversas vezes o escritor tenha sido visto subindo a torre. A explicação dele era simples: do alto da torre era o único local na cidade a partir do qual ele não a via. Também não precisava, de cima dela se aprecia aquilo que ela representa: a cidade de Paris. O mesmo ocorre com o Corcovado e, tal como ele, a torre Eiffel compõe uma imagem de Paris e, da mesma forma no Rio de Janeiro, subimos para apreciar a vista da cidade.

Queremos dizer que esses são lugares de reconhecimento, lugares de onde metaforicamente a cidade se vê. Aquilo que é corriqueiro na vida urbana comum, a biunívoca e intercambiável relação observador/observado, é estetizado por lugares. Esses lugares são objetos estéticos que representam a forma do olhar público. Por isso, fazem parte do espetáculo urbano, centralizam os olhares e funcionam como elementos nodais na construção de diversas narrativas urbanas.

Muitas cidades dispõem desses "lugares do olhar", que são, eles mesmos, marcos, são lugares excepcionais de reconhecimento das cidades: o edifício Empire State em Nova York, a roda-gigante London Eye em Londres, o pico Victoria em Hong Kong são alguns dos exemplos mais emblemáticos, entre outros. Pelo menos nesses casos, todas essas cidades têm intensa vida urbana, ruas muito frequentadas e espetáculos da vida pública que ultrapassam largamente a simples funcionalidade do deslocamento das pessoas. Nessas ruas, a atividade da observação e da visibilidade são também muito vivas. Esses lugares, marcos da cidade, refletem talvez a valorização da reciprocidade do olhar, da observação como um prazer, o prazer da contemplação da vida urbana. O olhar muda de lugar para olhar a mesma coisa, a cidade.

A conformação do olhar na cidade

Uma das preocupações do urbanismo, desde seus primórdios, foi o de gerir e de organizar o olhar na cidade. A própria palavra perspectiva – olhar através – denota essa preocupação. A inspiração da técnica é também clara, vem da observação dos mecanismos da formação das imagens no olho. Imediatamente depois de ter sido formalizada como procedimento, a perspectiva foi consagrada nos projetos urbanos. A estética das linhas paralelas foi aplicada às ruas, às fachadas, aos calçamentos. Buscou-se o sentido de profundidade nos alinhamentos que apontavam para monumentos e grandes edificações ao fundo. Buscava-se também a proporcionalidade dos volumes e afastamentos, ruas e edificações deveriam ser pensadas em conjunto.

Uma praça marca um intervalo na mobilidade, uma possível ruptura na direção, uma possível alteração do ritmo, uma pausa, um novo campo visual, uma abertura no horizonte. A praça é uma descontinuidade da circulação, ou pelo menos daquela uniformidade de sentido que nos é oferecida pela rua. Retilínea ou curva, a rua nos induz ao avanço.

A rua é um convite ao movimento. A praça é um convite à abertura do olhar, à escolha de direção, à escolha do ângulo. As praças são intervalos na continuidade das vias. Abriga atividades que nos fazem permanecer, ou pelo menos cumprir um circuito.

O tecido orgânico, embaralhado e denso das cidades medievais foi, aos poucos, rasgado por largas e compridas avenidas. O recuo diante das grandes edificações, das catedrais, por exemplo, começou a ser uma preocupação, recuo para o olhar, para a prática da admiração à distância. As novas visadas e as novas distâncias, visuais e geométricas, que se desenhavam nas cidades renascentistas criavam e desenvolviam uma nova cultura visual. As ruas retas ou retificadas abriam o horizonte, criavam uma inédita relação entre os primeiros planos e os fundos das ruas. Colocava-se em prática uma nova educação para o olhar.

Concomitantemente, as ruas começam a ser espaços de passeio, de permanência. A cultura pública da contemplação da vida urbana e da observação é solidária

• O LUGAR DO OLHAR •

dessa nova cultura visual. Em Paris, o rei Henrique IV, no começo do século XVII, constrói uma grande praça, chamada originalmente de Praça "Royale", em completa ruptura com o tecido urbano do denso e fragmentado entorno.* A praça quadrada tem no centro um jardim e grandes construções regulares e uniformes em toda a sua volta, com arcadas e calçadas. O modelo teve tal êxito que se transformou em padrão generalizado e mais de duzentas praças foram projetadas pelo território do reino seguindo esse molde. A inspiração veio da Itália, e o rei pensava em ocupar todo o térreo das edificações ao longo do perímetro da praça com lojas que seriam frequentadas pelas pessoas que passeariam protegidas pelas arcadas.

Poucos anos antes, no modelo barroco de Roma do Papa Sisto V, novas avenidas terminavam em fontes, obeliscos ou monumentos. O objetivo da reforma urbana era, em princípio, religioso, desejava criar uma ligação entre os sete mais importantes sítios de peregrinação católica na cidade por meio da abertura de grandes eixos abertos ao olhar e à fácil localização. Segundo Sennett, "para fazer do movimento um elemento de percepção

---

* No século XIX, essa praça recebeu o nome de *Place des Vosges*, denominação pela qual é ainda hoje conhecida.

• 283 •

de tal vista transformada em eixo de visão [...] era preciso estabelecer um ponto de fuga. Sisto procurou aquilo que era necessário no passado pagão de Roma e encontrou o obelisco".* O peregrino, ao elevar os olhos para o horizonte aberto pelas grandes avenidas, teria imediatamente sua atenção visual capturada pela ponta do obelisco e, por meio dessa astúcia, sua direção estaria indicada até o próximo ponto de interesse. O espírito da Contrarreforma procurava refundar o fervor religioso através de surpresas visuais, efeitos de luz, fachadas complexas, combinando curvas e volumes. Todos esses elementos criavam efeitos teatrais e dramáticos.

Como bem demonstrou Jean Duvignaud, a organização do espaço exerce um papel fundamental na orientação e fixação do olhar do espectador, e essa técnica foi, em grande parte, desenvolvida no espaço cênico antes de se transformar em plano de urbanismo.** Muitas cidades adotaram o mesmo modelo de Roma das praças estrelares, dos grandes palácios, de grandes avenidas terminando em fontes e monumentos. Nessas grandes avenidas passavam os cortejos, as procissões.

---

* Sennett, Richard. *La Ville à vue d'oeil: Urbanisme et société*, Plon, Paris, 1992, p. 189.

** Duvignaud, Jean. *Sociologie du théâtre*, Presses Universitaires de France, Paris, 1977.

As cidades ganham um ar espetacular e o olhar que se desenvolve é o de admiração ao extraordinário.

Aos poucos, sobretudo ao longo do século XIX, se impõe a difusão de outro modelo mais ortogonal e reticulado. Os planos ganham mais uniformidade, os espaços são mais banais, mais previsíveis. Grandes avenidas são construídas, mas não têm mais o estrito sentido da monumentalidade, são corredores para a circulação de veículos, para a caminhada, para o encontro, para a regularidade da vida pragmática, mundana e ordinária.* Como bem salientou Benjamin, o olhar deve se dirigir para a regularidade do plano, mas também para a decoração feita do elogio da técnica no uso de diferentes materiais que ornam os equipamentos urbanos. A funcionalidade das ruas se divide entre a circulação e o prazer da caminhada. Olhar a cidade começa a ser algo cada vez mais dividido entre olhar o patrimônio construído e olhar para as pessoas que encontramos na cidade.

---

* Na França, essas avenidas são conhecidas também como as *percées* do século XIX e, em geral, se encontram próximas ou dão acesso às estações ferroviárias e se dirigem a grandes praças ou entroncamentos centrais. Tinham a imagem da modernidade associada à circulação de pessoas, a um comércio mais dinâmico e a melhores condições de salubridade.

No movimento moderno, foi essa dualidade que se pretendia quebrar. A circulação das pessoas deve ser uma função independente do passeio e do encontro. Como dizia Le Corbusier: "A rua nos cansa, para dizer a verdade ela nos repugna".* A regularidade dos blocos construídos é ressaltada pela uniformidade das superfícies que poderiam ser atravessadas pelo passeio, sem orientação de uma calçada ou de uma rua. A esplanada deveria ser um convite ao deslocamento livre dos pedestres. Sennett chama a atenção, por exemplo, para a utilização extrema da perspectiva, na apresentação do plano *Voisin* de 1925, que apresentava um projeto de Le Corbusier para a renovação total de Paris. A representação apresentada por ele nos coloca como se estivéssemos olhando a partir de um avião. Incapazes de ver os detalhes, o que mais é marcante nessa representação é a regularidade do plano, seus padrões geométricos.**

Por meio dessas muito rápidas descrições, estamos procurando chamar a atenção para as possíveis relações entre a organização do espaço e a organização do olhar.

---

* Le Corbusier, C.- E. J.. "La Rue nous use. Elle nous dégoûte en fin de compte", *Urbanisme*, Flammarion, Paris, 1994 [1925], p. 196.

** Sennett, Richard. *La Ville à vue d'oeil: Urbanisme et société*, Plon, Paris, 1992, p. 209.

• O LUGAR DO OLHAR •

Haveria uma pedagogia do olhar na cidade criada pela própria forma urbana? Em que medida os projetos urbanísticos são peças dessa educação? Seriam, ao contrário, os novos desenvolvimentos da sensibilidade visual que demandariam novas formas de organização espacial?

Um dos elementos mais importantes de um plano urbanístico é a figuração do espaço que ele é capaz de produzir como peça de convicção à aceitação do plano. Sabemos, por exemplo, que um dos interesses no desenvolvimento do desenho com perspectiva foi a possibilidade de substituir o modelo reduzido na arquitetura. As pranchas que apresentam os projetos de arquitetura e urbanismo em perspectiva ao mesmo tempo que procuram reproduzir a sensação do observador diante da obra, indicam um ponto de vista sob o qual os projetos devem ser vistos. Ensinam a olhar e indicam o que deve ser visto.

Muitos arquitetos colocam indicações gráficas ou mesmo textos nas pranchas dos desenhos, se aproximando assim daquela tradição da cartografia, que perdurou até o século XVIII, dos comentários e desenhos às margens dos mapas. Essas indicações nas plantas "explicam" o projeto ou fornecem sinais do que se espera quanto ao uso e ao comportamento naqueles lugares.

Mais do que simples desenhos de objetos espaciais, os desenhos e figuras que acompanham os projetos são imagens do espaço que estão associadas a valores como simetria, proporção, harmonia etc.. Essas imagens figuram, indicam ou sugerem como os diferentes espaços previstos devem ser habitados e vividos. A compartimentação do espaço em um projeto arquitetônico e/ou urbanístico é fruto de uma ampla concepção sobre a espacialidade e de suas funções na vida social. A compartimentação corresponde a uma classificação dos espaços e de suas vocações. As imagens que apresentam esse conjunto são uma espécie de pedagogia visual que deve ensinar a todos aqueles que as apreciam como olhar esses espaços, como categorizá-los e como vivê-los. Atualmente, quando vemos uma maquete eletrônica de um projeto de urbanismo, não sabemos se ela nos aponta algo que será daquela forma porque o projeto consegue antecipar com eficiência seus usos, atributos e valores ou se o será pela orientação que o próprio projeto nos indica, ou seja, não sabemos o quanto a prefiguração é ela mesma autorrealizadora. Em que medida e como isso se realiza?

O planejamento espacial, nesse sentido, pode nos ajudar a compreender que os usos e as atividades previstos naquela proposição são sempre normatizações

• O LUGAR DO OLHAR •

e delimitações. O quanto eles conseguem e como a possibilidade de transgressão se inscreve como criação insubordinada em relação a essa ordem espacial são, portanto, perguntas necessárias. A questão mais central que se mantém à sombra nesta pequena apresentação diz respeito ao estatuto da espacialidade. Já foi antes discutido que a forma de dividir e classificar o espaço não permite mais que o concebamos como um simples substrato em que as ações e os eventos se desenrolam, como se fosse um palco, um suporte flexível ao poder mágico da imaginação. Falta talvez discutirmos um pouco mais sobre a imaginação: estaria ela mesma enquadrada pelas imagens prospectivas produzidas, por exemplo, pelos projetos urbanísticos?

A arte na cidade, a arte da cidade, a cidade na arte e a cidade-arte

Em maio de 2009, a Tate Modern de Londres, lugar reconhecido de grandes manifestações artísticas contemporâneas, organizou a exposição "Street Art". Cinco grandes painéis com grafites ocuparam, pela primeira vez, as paredes externas de tijolos vermelhos, que se transformaram em suporte para uma exposição. Duas rápidas constatações podem ser feitas. A primeira é relativa ao tipo de manifestação, os grafites urbanos não encontram sentido em serem expostos no interior de um prédio. Esse tipo de expressão só encontra seu *lugar*, nos dois sentidos da palavra, em áreas exteriores. A arte das ruas só encontra sua vocação quando exposta sobre um espaço público, na rua. A Tate Modern confirma isso na medida em que aceita inverter a lógica da espacialidade que a define como galeria de arte, ou seja, como espaço interior de exposição.*

A segunda constatação rápida é que há um tipo de manifestação que faz parte do cotidiano do transeunte comum das grandes cidades atualmente e que passa a ser agora reconhecida como uma expressão artística confirmada. A legitimidade é oficial e, ainda que não tenha

---

* Pode parecer tautológico discutir o caráter "público" da arte, afinal, trata-se de uma atividade que tem como fundamento a coletiva comunicação de valores, sentidos e significações por intermédio de variados meios. No entanto, como temos insistido aqui, o *lugar* de exposição é um elemento essencial que intervém nessa comunicação e, por isso, se justifica falar aqui em arte pública, pois, nesse caso, o *lugar* de referência dessa atividade são os espaços urbanos públicos banais. A especificidade desse "lugar" acrescenta um mundo de complexidade ao conteúdo da arte. Ver, por exemplo, a esse respeito: Andrade, P.; Marques, C. A. e Barros, J. C. (orgs.). *Arte pública e cidadania. Novas leituras da cidade criativa*, Caleidoscópio, Sintra, 2010.

• O LUGAR DO OLHAR •

seguido o percurso convencional e "entrado" completamente nas instituições que conferem o reconhecimento do valor, essa manifestação se encontra agora muito bem adaptada a elas.

Tudo isso parece fácil de ser visto e não teria muita novidade. Desde os anos 1970, algumas grandes cidades passaram a conviver com muitas imagens coloridas ou mensagens cifradas em alguns dos seus muros, paredes, prédios, meios de transportes etc.. O fenômeno do grafite, embora conhecido desde a Antiguidade, passou, nas últimas décadas, a fazer parte do ambiente urbano. A cidade de Nova York foi uma das primeiras a reconhecer os grafites como parte integrante da estética urbana ao aceitar e manter os desenhos que eram feitos no sistema de transporte subterrâneo.

O espaço urbano visto segundo essas duas constatações é como aquele do painel de projeção, suporte neutro que recebe imagens. Nesse sentido, a arte do grafite não se diferenciaria muito de qualquer outra ação que utilize o espaço público para a exposição, como comumente já se faz, há muito tempo, por exemplo, para vender produtos. Em Xangai, na China, as fachadas de alguns prédios se transformam em grandes monitores iluminados que exibem comerciais vistos a grande distância. Telas de cristal líquido menores também estão presentes e se difundem nas paradas de ônibus, nas estações ou mesmo em alguns muros da cidade. Tudo isso é apenas uma ampliação de algo já bastante conhecido: o uso do espaço construído como um suporte material para algo que para lá transplantamos.

Como tentamos demonstrar antes, no entanto, a própria cidade é uma tela interativa. O público que circula e olha não está organizado na convencional forma das plateias. Pessoas passam, olham ou não, se sensibilizam ou não, procuram significados ou não. A forma de olhar é, ela mesma, significativa e faz parte do espetáculo pela cadeia de relações reflexas que é capaz de despertar. As imagens são cruzadas. O espetáculo urbano não se reduz ao que é exposto em forma de painéis. Os muros da cidade têm, eles mesmos, significados, os lugares onde estão também.

Um estudo recente feito sobre os grafites em dois longos eixos da cidade do Rio de Janeiro, um no Centro e outro na Zona Sul, deixou patente que os temas, o tratamento estético e cromático, o tamanho, a manutenção e até mesmo o respeito à prioridade da ocupação dos muros eram significativamente distintos nessas duas áreas da cidade.* Essas diferenças existiam mesmo

---

* Moren, Alice Belfort. *A vida dos muros cariocas*, Dissertação de Mestrado, PPGG-UFRJ, Rio de Janeiro, 2009.

quando os artistas eram da mesma equipe, com trabalhos nas duas áreas selecionadas para análise. Esse estudo sugere também que os temas dos grafites têm uma relação direta ou indireta com a própria cidade. Isso quer dizer que não é simplesmente a arte no urbano; a cidade está implicada no conteúdo daquilo que está sendo exposto. Além de estabelecer a importância do lugar da exposição, podemos nos perguntar em que medida essas exposições, com seus específicos conteúdos e formas, podem ou não modificar o significado dos lugares onde estão situadas.

Constatamos, portanto, a imperiosa necessidade de reconhecer que os espaços públicos, pela capacidade exposicional que têm, não devem ser concebidos como meros suportes — a arte na cidade; nem como quadros gerais de manifestações urbanas, omitindo assim o papel da localização nas estratégias de visibilidade dessas manifestações — a arte da cidade; tampouco, podemos deixar de registrar a importância da própria cidade nos temas expostos e, por isso, na constituição das imagens pelas quais a cidade se reconhece ou se estranha — a cidade na arte. O melhor caminho pode ser aquele de conceber, como antes dissemos, as cidades como telas vivas de exposição, moldadas pela ocupação e o uso dos espaços, pelos valores que são atribuídos, pelo público que os frequenta, pelos significados que lhes são conferidos. Essas telas interativas são os espaços da cidade e podem ser mais gerais ou mais particulares, mais amplas ou mais restritas, mais abertas ou mais exclusivas, enfim, a cidade é produtora de imagens, um sujeito/objeto estético — a cidade-arte.

Sorria, você está sendo filmado

A expressão "Big Brother" é hoje largamente utilizada e significa comumente que há algo ou alguém que detém um grande poder pelo ato de observar sem ser observado, de controlar sem ser controlado. Essa expressão tem origem no livro *1984*, que alcançou enorme notoriedade.* Em 1949, George Orwell (pseudônimo do escritor Eric A. Blair) publicou esse livro, cujo tema fundamental era a apresentação da sociedade em um futuro próximo completamente subjugada a um regime totalitário. O instrumento pelo qual a sociedade pode ser controlada é um objeto denominado "teletela". Por meio dela, o poder constituído é capaz de observar, ininterruptamente e em todos os lugares, as pessoas. A frase

---

* Orwell, George. *1984*, Companhia Editora Nacional, São Paulo, 1984.

O LUGAR DO OLHAR

— *Big Brother is watching you* — é repetida inúmeras vezes e informa sobre essa permanente vigilância que é mantida. Não há domínio privado, todo lugar é um lugar de potencial exposição ao poder. Simultaneamente a teletela é também o meio pelo qual o governo se dirige às pessoas, emitindo mensagens e imagens. Durante alguns minutos diariamente, todos devem interromper suas atividades para juntos vociferarem diante das telas contra os traidores do regime e logo depois se consternarem diante da imagem protetora do Big Brother [Grande Irmão].

O personagem principal do livro é Winston Smith, funcionário desse Estado. Ele trabalha no Ministério da Verdade e uma de suas funções é retificar as notícias nas edições antigas dos jornais, readaptando-as às versões mais recentes impostas pelo partido. De fato, o personagem não guarda muita memória dos tempos anteriores, uma vez que o processo de permanente reinvenção da história, pela destruição e a manipulação dos documentos, acaba por confundir qualquer referência ao passado. A invenção de uma nova forma de expressão verbal, a novilíngua, é outro meio também eficiente de criar coerência, pois admite a contradição como um princípio — o Ministério da Verdade produz verdade a partir de falsificações, o Ministério da Paz mantém

• 295 •

a guerra porque a "guerra é paz", segundo um dos principais lemas do partido, e o Ministério do Amor promove o combate a todos os oponentes do partido, prendendo e torturando-os.

Um dos fundamentos centrais do enredo desse livro é geográfico e tem relação direta com a discussão que aqui está sendo feita sobre a visibilidade.* Vejamos como.

Por uma série de circunstâncias, o personagem principal passa a transgredir as instruções dadas pelo partido. Ele descobre que há um pequeno lugar, um ângulo no espaço de sua casa, protegido da observação. Nesse lugar, ele guarda informações e pode, dessa forma, superar a manipulação urdida pelo Partido. Esse pequeno lugar na trama do livro é um espaço de transgressão. Ele é também um lugar físico para novas ações e atitudes que geram um novo quadro de referências que modificam a perspectiva e o comportamento do personagem. Esse lugar é, sobretudo, segundo a concepção que vem sendo desenvolvida aqui, uma exceção

---

* As relações da trama com um pensamento geopolítico, nas oposições territoriais que o livro descreve ou na formação de três grandes impérios modernos (Oceania, Eurásia e Lestásia), também não deveriam ser negligenciadas por um raciocínio geográfico, mas fogem aos limites de nosso atual interesse.

• O LUGAR DO OLHAR •

ao regime de visibilidade dominante imposto pelo Estado totalitário.

Lembremos o que já foi dito antes: o tipo de regime de visibilidade dependerá da morfologia do sítio onde ocorre, da natureza do público e da produção de uma narrativa dentro da qual aquela coisa, pessoa, fenômeno encontram sentido. Nas condições descritas pelo livro, a onipresença da teletela cria uma exposição permanente, dissolvendo e igualando todos os espaços da vida social. Não há posição ao abrigo dos olhares, a exposição é contínua e permanente. Isso, aliás, nos demonstra de forma simples como até mesmo as noções de privacidade e de intimidade desaparecem quando as condições espaciais da intimidade ou da privacidade são suprimidas. Simultaneamente, não há propriamente, nas condições descritas no livro, um público. O principal espaço de exposição, as teletelas, são assistidas (ou não) por pessoas desconhecidas, por olhos invisíveis.* Não há,

---

* A simples possibilidade de estar sendo observado modifica os comportamentos. Isso é largamente experimentado na vida cotidiana ao encontrarmos cartazes que indicam que um determinado ambiente está sendo monitorado por câmeras, seja em estacionamentos, corredores, prédios, elevadores etc.. A sensação de possivelmente estar sendo objeto de observação age imediatamente sobre o comportamento, mesmo quando temos a suspeita de que pode não haver ninguém nos observando, ou seja, nada existe além dos cartazes.

PAULO CESAR DA COSTA GOMES

de fato, publicidade. Pela inexistência de um público e de um espaço consagrado à reflexividade do olhar, só há mesmo vigilância e controle. Quanto à terceira característica, a narratividade é permanentemente ajustada ao que é mostrado. O regime autoritário pode por isso, segundo a descrição do livro, ser definido como aquele que é capaz de monopolizar o sentido das narrativas que acompanham as imagens.

Ora, a existência de um pequeno "lugar" onde essas condições substancialmente se modificam permite ao personagem principal se reinventar. Esse lugar, ao abrigo de uma exposição vigilante e controladora, permite outra interpretação dos fatos; em termos mais geográficos, há uma nova leitura do sentido que emerge da associação entre o lugar e o evento. A existência desse pequeno lugar é uma condição de liberdade, pelo novo regime de visibilidade que confere ao personagem

Infelizmente, para o personagem, o combate e a oposição são criados pelo próprio poder. Ele é então preso e transferido para outro espaço, o chamado Quarto 101, descrito no livro como "o pior *lugar* do mundo", onde novas condições e práticas demonstram a inexorabilidade do poder controlador desse Estado totalitário.

• 298 •

• O LUGAR DO OLHAR •

Inspirado no livro *1984*, de Orwell, em meados dos anos 1990, um produtor holandês criou um jogo para a televisão, o chamado "Big Brother", que deu início a uma verdadeira febre. O formato foi exportado para mais de quarenta países, conquistou uma imensa audiência e, sem dúvida, é um dos mais conhecidos *reality shows* da atualidade. O princípio é simples: pessoas confinadas são observadas permanentemente por câmeras e são eliminadas gradativamente pelo público que vota. Nessa versão, os Big Brothers são os espectadores do programa. Eles observam, eles julgam, eles excluem.

Um dado que não pode deixar de ser mencionado é que aquelas pessoas estão em situação doméstica, em um espaço de intimidade. Nada disso, no entanto, é verdadeiro, uma vez que elas sabem que estão em permanente exposição, embora não a vejam. Diferentemente dos moradores de rua, que também muitas vezes reproduzem espaços domésticos e suas atividades nos espaços públicos, essas pessoas do jogo televisivo estão confinadas e não sentem os olhares que pousam ou não sobre elas, não há uma interação dos olhares. Aqueles que os assistem também devem encarar a banalidade das atividades cotidianas daquelas pessoas como uma expressão de excepcionalidade, pois do contrário não encontrariam atrativos para permanecer assistindo.

O efeito da tela é um elemento fundamental para isso. A intermediação de um dispositivo cria a distância que parece se introduzir entre aquelas ações, de resto sem qualquer interesse, em coisas significativas. Nesse caso, é a tela de exposição que cria a sensação de que aquilo merece ser visto. O programa também institui um regime de visibilidade que modifica o valor e o sentido daquilo que vemos.

Em grande parte dos países onde esse programa é produzido, o apelo da propaganda utiliza como figura-símbolo, como "logo", a imagem de um olho e sua interação com a tela.

O véu da visibilidade

O ano de 2010 viu crescer um grande debate na França: o uso do véu integral islâmico. O problema já vinha se manifestando havia algum tempo em várias localidades, mas ganhou as novas dimensões de um problema nacional – frequentou o conjunto da mídia, se transformou em matéria de uma comissão parlamentar e foi um dos temas da alocução anual proferida pelo presidente da República. O evento catalisador foi a recusa de um prefeito de oficiar o casamento de uma jovem que portava o véu integral islâmico, a chamada

O LUGAR DO OLHAR

burca. Esse prefeito é do Partido Comunista e, por isso, sua atitude não pode ser rechaçada como fruto de um ideológico racismo anti-islâmico, como, muitas vezes, têm sido interpretadas na França as ações e opiniões provenientes dos partidos de direita, identificados como refratários aos elementos culturais oriundos da recente imigração.

Anos antes, em 2004, uma discussão semelhante já havia sido travada em relação ao uso de signos religiosos pelos alunos nas escolas públicas. Nessa época, uma lei foi votada proibindo o uso de símbolos explícitos de pertencimento religioso na rede escolar do Estado. A discussão era, já então, para decidir se essas mulheres tinham ou não o direito de portar o véu nas ruas, ou melhor, nos espaços públicos em geral, e a demanda era a de que o parlamento examinasse o assunto para criar uma proposição de lei que pudesse regulamentar o uso do véu islâmico nos genéricos espaços públicos.*

---

* Há um inconteste interesse em lembrarmos que a Teoria da Justiça elaborada por J. Rawls propõe justamente, como dispositivo para estabelecer normas de equidade, o chamado "véu da ignorância", condição hipotética pela qual, ao ignorar a situação físico-social que teriam, as pessoas reuniriam melhores aptidões para legislar com justiça.

Por um lado, há o argumento de que, em uma sociedade democrática, as pessoas têm o direito de escolher livremente a indumentária pela qual elas irão se apresentar socialmente. Por outro lado, há aqueles que defendem a ideia de que o uso do véu islâmico não é uma escolha: essas mulheres são obrigadas a fazê-lo pelos maridos ou pela comunidade próxima, não haveria nisso então liberdade, mas coerção. Uma dificuldade para esse argumento foram mulheres islâmicas que se apresentaram como livres e debitavam o uso do véu a uma escolha inteiramente pessoal associada à identidade religiosa que queriam seguir e demonstrar. Mais uma vez, os opositores diziam que essas manifestações eram comandadas por aqueles que ditavam as normas, mesmo porque no Corão não há uma mensagem clara quanto ao uso de um tipo preciso de indumentária. Aliás, os véus variam de comunidade para comunidade. O integral, conhecido como burca (azul ou marrom), é mais relacionado à etnia *pachtun* do Afeganistão, enquanto o *niquab*, que consiste em um grande véu que só deixa uma pequena fenda para os olhos, se difundiu a partir dos *wahabitas*, na Arábia Saudita e dos *xiitas* iranianos. Ambos se disseminaram também atualmente graças à radicalização das posições religiosas e a certo integrismo crescente que tende a se espalhar pelo mundo muçulmano. É nesse sentido que vale a pergunta se essa escolha está mais relacionada à política ou à religião? Daí pode vir a chave para se julgar a legitimidade ou não de aceitar o véu nos espaços públicos.

Muitos dizem que o uso do véu constitui um atentado à dignidade das mulheres — "é a expressão visível da subordinação feminina". Essa é a posição do filósofo Bernard-Henri Lévy, para quem o uso do véu é "uma mensagem que comunica a submissão, a servidão e o esmagamento das mulheres".* Elas se exprimirem a favor em nada modifica a mensagem — a infâmia da escravidão seria perdoada se fossem encontrados felizes escravos?, pergunta ele. Esse raciocínio faz das vítimas autores de sua própria infelicidade e por essas razões ele finaliza se manifestando inteiramente favorável à interdição da burca sobre o espaço público.

O prefeito alega que nenhum serviço público deve ser prestado a alguém que não permite que olhemos seu rosto, afinal qualquer pessoa poderia se beneficiar dessa estratégia para obter vantagens indevidas, uma vez que há uma tradição de se identificar pessoas pelos documentos com fotos. A historiadora e feminista Elisabeth Badinter

---

* *Le Point*, 18 de fevereiro de 2011, p. 130.

PAULO CESAR DA COSTA GOMES

sustentou o argumento de que essas pessoas fogem da ordem pública republicana, pois recusam aquilo que é o pré-requisito para que se estabeleçam o diálogo e a convivência em sociedades democráticas, o face a face. É preciso que haja simetria na capacidade de observação. Não podemos aceitar, segundo ela, que alguém se subverta sistematicamente ao jogo aberto da visibilidade social. A mesma opinião havia sido emitida pelo ministro inglês Jack Straw, do Partido Trabalhista, e isso em um país com uma forte tradição de sempre ser cuidadoso em garantir os direitos individuais.*

De fato, o interessante é perceber que a discussão diz respeito ao direito que poderíamos ter de limitarmos a visibilidade. A burca é visível, ela esconde a pessoa, mas é um signo que comunica diversas coisas: pertencimento à fé muçulmana, associação a certo grupo dentro da comunidade islâmica. Comunica também a indisponibilidade ao contato visual mais amplo, o uso da burca permite também que nos coloquemos em posição de ver

---

* Segundo uma pesquisa da época, feita em vários países, os números daqueles que eram favoráveis à interdição do uso do véu islâmico correspondiam a 70% na França, 65% na Espanha, 63% na Itália, 57% na Grã-Bretanha e 50% na Alemanha. (Fonte: *The Economist,* 15 de maio de 2010.)

sem sermos inteiramente vistos. A burca é quase um dispositivo do tipo pan-óptico.

Outro elemento que pode nos fazer pensar é a constatação de que esses argumentos que pretendem mostrar que o uso do véu em público é uma mensagem da submissão das mulheres não contemplam o fato de que a submissão pode ser doméstica. Invisíveis ao olhar público, a violência não deixaria de existir para essas pessoas. As mulheres em suas casas, ao abrigo da observação pública, podem igualmente estar submetidas ao jugo de seus maridos. Em outras palavras, o uso do véu nas ruas dá visibilidade a um fenômeno que tem outras manifestações em outros lugares bem menos visíveis. A interdição do uso do véu em lugares públicos não vai agir sobre esses outros lugares onde se passa a submissão.

Pode ser que a proibição ao seu uso seja assim apenas a limitação da visibilidade do problema, pode ser até que ela seja a manifestação de uma vontade de não dar reconhecimento ao problema, pois, como vimos, o olhar público reconhece e problematiza. Pode ser ainda que aquilo que não se quer reconhecer seja menos o problema da submissão das mulheres e muito mais o apelo político que o ato de usar o véu reivindica. Nesse sentido, a presença de uma mulher portadora do véu, embora não integral, candidata às eleições parlamentares recentemente pelo partido da extrema esquerda, foi bastante expressiva e problemática.

Qualquer que seja a conclusão, convém reconhecer que a visibilidade do problema depende de sua exposição sobre certos espaços.

As sombras na visibilidade

O pensador francês Michel Foucault tem sido reconhecido com justiça como um daqueles que, sem ser geógrafo, foi bastante sensível à espacialidade como elemento fundamental na compreensão da ordem social. Em vários dos seus livros isso aparece com clareza, mas esse argumento é particularmente central na obra *Vigiar e punir*.* A situação no espaço, sua organização e configuração estão na base do dispositivo de controle colocado em vigência pelas sociedades modernas. Ao estudar os planos do criminalista inglês do final do século XVIII, Benjamin Bentham, Foucault encontrou aquilo que para ele é um dispositivo central nas estratégias de controle, o pan-óptico. Como se sabe, o pan-óptico é uma condição

---

* Foucault, Michel. *Vigiar e punir: nascimento da prisão*, Vozes, Petrópolis, 1987.

situacional no espaço que permite ver sem ser visto e ver em todas as direções, ou seja, um ideal de controle e vigilância. Trata-se também, como demonstrou Foucault, de um meio eficiente de educar, confirmando a ideia defendida antes aqui de que a organização do espaço contém também uma forma de pedagogia.

O geógrafo brasileiro Milton Santos criou a expressão *meio técnico-informacional* para descrever um dos principais atributos do espaço, que é aquele de simultaneamente ser produto de informação condensada e conter informação na sua maneira de ser.* A expressão é muito feliz, uma vez que desacredita as velhas formas de conceber a geografia como um estudo das relações do homem com um meio ambiente que era visto como natural ou produto primário da transformação da natureza. Assim, segundo a formulação de Santos, toda organização do espaço gera informação. Para bem viver um espaço, é necessário deter algum conhecimento prévio sobre os princípios de sua ordenação. Por conseguinte, as análises espaciais demandam clareza quanto aos elementos envolvidos na produção da lógica que preside a forma

---

* Santos, Milton. *A natureza do espaço. Técnica e tempo: razão e emoção*, Edusp, São Paulo, 1996.

de ser de tal espaço. Dito isso, parece claro que qualquer espaço tem uma dinâmica complexa e que sua compreensão não se esgota na funcionalidade trazida por um único aspecto. Não parece razoável conceber que um espaço esteja estruturado segundo apenas um elemento. Assim, ainda que estejamos trabalhando com espaços onde haja controle e vigilância, como os espaços públicos, nem toda a informação contida ali é apenas para gerar poder. Não que essa análise não possa ser feita; ela deve, mas não como a única possível.

Em certa medida, é compreensível que as Ciências Sociais tenham sido sensíveis à questão da visibilidade como uma estratégia do poder. Menos compreensível, no entanto, é o fato de que tenhamos reduzido a discussão a esse exclusivo ângulo. Em outros termos, há uma nefasta tendência a conduzir toda discussão sobre visibilidade a se encerrar como uma discussão sobre o poder e seu exercício.

O paradoxo dessa situação foi que, ao valorizar a visibilidade sob esse único aspecto, outros foram obscurecidos ou vistos como secundários. Isso, aliás, é muito importante, uma vez que nos mostra um dos mecanismos básicos do dispositivo da visibilidade: a criação das zonas opacas. Pouco ou quase nada apareceu como possibilidade para dispositivos de visibilidade que se diferenciassem dessa aproximação. Por essa infausta exclusividade de quase sempre associar a visibilidade aos mecanismos de controle, é fácil construir uma argumentação que, pela força da repetição, parecerá ao final necessária e absoluta. Talvez por isso, para Bauman, por exemplo, o medo do pan-óptico integre a lista dos grandes temores pós-modernos e para Sennett haja um crescente temor da exposição, o que explicaria, ainda segundo ele, um inexpugnável limite entre a vida interior e a vida exterior.*

A visibilidade é parte do jogo social em diversas ocasiões e modulações. Ela participa diferentemente desse jogo segundo uma classificação espacial. Foi isso que tentamos demonstrar até agora. Nos espaços públicos, a visibilidade tem estrita relação com a copresença. Já dissemos em outras oportunidades que essas duas características são fundamentos de um espaço público.

Ao organizar um seminário nos anos 1970 para discutir a coabitação, o semiólogo francês Roland Barthes afirmou jamais ter existido uma filosofia de como viver junto e, no entanto, acrescentava que há uma pergunta

---

* Sennett, Richard. *La Ville à vue d'oeil: Urbanisme et société*, Plon, Paris, 1992, p. 37; e Bauman, Z.. *Confiança e medo na cidade*, Zahar, Rio de Janeiro, 2009.

fundamental a ser feita: "A que distância devo me manter de meus semelhantes para construir com os outros uma sociabilidade sem alienação?*

Pode ser que não tenha havido uma filosofia específica, mas há um campo de estudos, a ciência política, que em parte se dedica a examinar algumas condições possíveis para essa coexistência. Estamos evidentemente falando de uma coexistência sobre um mesmo plano, ou seja, dividindo um espaço e por isso, mais uma vez a espacialidade é o ingrediente fundamental nessa discussão.

A política, diferentemente das religiões ou das utopias, não promete que ao final todos estarão satisfeitos em torno de um possível consenso. A política, em seu sentido mais ontológico, é a expressão do conflito e das diferenças e da possibilidade de reconhecê-los, discuti-los e estabelecer acordos e compromissos, sem a veleidade de ter suprimido as diferenças ou ter encontrado a solução definitiva. Todo acordo é limitado e temporário; as diferenças são irredutíveis e os conflitos, inevitáveis, mas podemos conviver conscientes disso e respeitosos dos limites que isso nos impõe mutuamente.

---

* Barthes, Roland. *Como viver junto*, Martins Fontes, São Paulo, 2003.

A política, assim entendida, se afasta do discurso daqueles tão numerosos moralistas que pretendem saber como as coisas deveriam ser, como seriam melhores, como os conflitos são o obstáculo para a felicidade e como poderíamos nos alinhar para produzir consenso. Os espaços públicos urbanos têm um papel essencial na contestação dessas vozes. Eles não são "o melhor dos mundos", mas são os lugares do reconhecimento social, de expressão de conflitos e de aplicação das regras que regem esses temporários acordos da convivência. Esses espaços não são uma imagem utópica do belo funcionamento social, virtuoso e equilibrado, estável e justo — imagem fixa e perene, boa, verdadeira e bela. Os espaços públicos são a imagem da atividade social, variada, errática, problemática e complexa. Como se trata de uma atividade, não conhecemos previamente os rumos exatos que pode tomar e não há antevisão de uma suposta estabilidade. Sabemos, no entanto, que sua observação pode gerar análises e que uma parcela dos problemas sociais é apresentada ali. Sabemos também que a própria observação é parte dessa atividade.

Isso corresponde a dizer que há nesses espaços uma intensa interatividade do olhar, da observação. Essa interatividade é a chave para a compreensão do estatuto superior da visibilidade desses espaços e de seu potencial como lugar da exposição, da exibição. A visibilidade dos olhares nos espaços públicos se nutre da copresença, de um espaço que se define como o espetáculo da alteridade, do diverso, da mutabilidade e da capacidade de conviver com isso. Por isso, visibilidade e copresença compõem um par essencial na existência dos espaços públicos. Sem eles não haveria nem mesmo a noção de público. O espaço físico estabelece as condições para que esses dois atributos entrem em cena. Esses espaços são o espetáculo e todos os presentes são partícipes. Não há distinção entre o palco e o público. Não há direção, roteiro ou moral nessa história que se tece continuamente nas cidades.

UM LUGAR PARA A OBSERVAÇÃO:
Olhares geográficos

Ao final deste percurso, há ainda um elemento fundamental que poderia ter sido mais explicitamente valorizado ao longo das discussões apresentadas sobre a visibilidade: o papel da observação. Muito embora tenhamos começado este livro sublinhando a importância e o interesse da observação no processo de produção do conhecimento, pode ser que, ainda assim, no andamento do texto esses propósitos tenham ficado vagos.

Quando, em 2009, estávamos fazendo a montagem do documentário *Espaços públicos: a cidade em cena*,*

---

* Como já foi assinalado antes, trata-se do documentário produzido em 2010 pelo grupo de pesquisa Território e Cidadania, do Departamento de Geografia da UFRJ.

percebemos, inúmeras vezes, que nas sequências escolhidas apareceriam muito mais coisas do que havíamos
percebido no momento das filmagens e mesmo nas primeiras vezes que as vimos e as selecionamos. Aos poucos,
tornou-se para nós quase um exercício revermos as cenas
e comentarmos elementos e aspectos que tinham passado
despercebidos nas projeções anteriores. Situações que
ocorriam fora do foco principal, correlações entre os
discursos e as composições físicas, repetições de gestos
em contextos diferentes, olhares furtivos dos passantes,
comportamentos expressivos e espontâneos, enfim, toda
uma série de elementos que fazem parte da vida cotidiana, que conhecemos muito bem, mas temos pouco
tempo para pensar a respeito e lhes dedicamos em geral
muito pouca atenção.*

Sabemos que os espaços públicos urbanos constituem alvos privilegiados para a observação da vida
social, pois são carregados de muitos enredos, muitas
narrativas, muitos personagens. Não por outro motivo
toda a segunda parte deste livro foi dedicada à discussão
da relação desses espaços com a visibilidade. Faltou,

---

* Esse, aliás, foi literalmente o comentário feito por uma das
entrevistadas que enfatizou o prazer advindo da simples observação desses espaços públicos.

no entanto, reforçar talvez um pouco mais o papel central da observação na compreensão desses espaços. Faltou, sobretudo, dizer que a observação dessas imagens públicas é capaz de gerar descobertas. Sim, podemos aprender ao observarmos. Desde que haja a honesta disposição de renunciar aos esquemas explicativos apriorísticos, desde que nos habite a modéstia de querer aprender com as imagens.

Fartos dessa convicção, um verdadeiro instrumental metodológico foi desenvolvido e vem sendo aplicado para potencializar essa capacidade heurística das imagens quando aplicadas a um raciocínio geográfico. O procedimento básico consiste em organizar oficinas com colaboradores diversos em diferentes localidades. Nessas oficinas são feitas pequenas formações. Uma delas trata dos aspectos técnicos da produção de imagens e uma segunda, oferecida em paralelo, visa a criar uma sensibilização em relação às dinâmicas dos espaços públicos. Logo depois, é solicitado que sejam feitos pequenos planos-sequências em diferentes espaços públicos para posteriores visualização e análise. Os resultados têm sido sempre surpreendentes.*

---

* Essas experiências e seus resultados são discutidos de forma mais detalhada no site do grupo Território e Cidadania: http://territorioecidadania.com/.

Duas características podem ser valorizadas nessas experiências. A primeira diz respeito à relativa distância entre as intenções que levam as pessoas a capturar determinadas imagens e os aspectos que, depois da análise, aparecem como traços importantes trazidos pelas próprias imagens e revelados pelas posteriores observação e apreciação. A segunda característica é a multiplicidade de aspectos que essas imagens são capazes de evocar. Cada visualização pode trazer insuspeitos elementos que são percebidos pelas diferentes sensibilidades daqueles que as observam. Nessas duas características pode-se perceber que há um forte apelo ao sentido da observação. As imagens são projetadas e aqueles espaços públicos são como que convocados a se fazer presentes e expostos à observação compartida.

Nesse sentido, a cada vez que são aplicados esses procedimentos metodológicos é como se procedêssemos à execução de um experimento. Através desses procedimentos, conseguimos pensar com as imagens, aprender com elas. A observação é o instrumento fundamental da descoberta. Eis aí um ponto de fundamental importância na discussão metodológica das Ciências Sociais e em particular na geografia – sobre o estatuto da observação e suas modalidades na produção do conhecimento.

• O LUGAR DO OLHAR •

Finalmente, o fato de capturar imagens, de trabalhar a partir delas, de analisá-las minuciosamente constitui também uma pedagogia, um treinamento, que nos familiariza com o exercício da observação. É essa pedagogia que pode nos induzir a discutir o que ver, como ver, ou, em outros termos, nos permitir a reflexão sobre os diversos regimes de visibilidade.

Por último, queremos relacionar a própria forma do texto ao seu conteúdo. O formato escolhido para a apresentação das questões sobre visibilidade e espaço neste livro pretende conter também um pouco de originalidade. A opção foi apresentar o conteúdo em relatos breves, como pequenas crônicas, quase independentes, que facilitassem a leitura e dessem maior leveza ao texto. Esse formato, entretanto, não deve obscurecer o fato de que havia a intenção de construir uma demonstração mais geral e norteadora. Trata-se de pensar sobre a natureza dos regimes de visibilidade e de suas possíveis relações com a espacialidade. Esses regimes, como vimos, são protocolos que guiam as formas de olhar, as direções do olhar, que determinam o que deve ser visto e como deve ser visto. Isso significa que esses regimes criam dispositivos que nos fazem olhar a partir de certos pontos de vista, que desses pontos de vista descortinam-se determinadas composições e, finalmente, que esses regimes elegem certos espaços e situações como lugares de exposição, com suas regras específicas e suas modalidades diversas.

Tentamos demonstrar concomitantemente que em todos esses aspectos havia um componente espacial fundamental. Igualmente por isso, há sempre nesses regimes uma relação direta com determinados desenhos morfológicos onde eles se exercem. Há a definição de um público para o qual ele se dirige que está compreendido dentro desse campo visual. Por fim, aquilo que é visto encontra sempre sentido no interior de uma narrativa que justifica e dá legitimidade a esse mesmo campo visual.

Essa foi a tese fundamental interiorizada em todos os pequenos relatos apresentados, embora tenhamos consciência de que as discussões dos diferentes temas presentes neste texto, às vezes, possam ter, em aparência, se afastado das referências diretas a essa tese. De fato, uma parte significativa dos breves capítulos em que se divide todo este texto poderia talvez ter uma vida autônoma. Em outras palavras, algumas parcelas bem poderiam ser lidas separadamente e, talvez, pudessem mesmo ser distribuídas seguindo outras ordenações. Isso também foi voluntário pois esperava-se assim deixar alguma margem de autonomia ao leitor, que tem a possibilidade de fazer uma leitura que contemple uma pessoal hierarquia seguindo a curiosidade que, porventura, será despertada pelos títulos dos diferentes relatos.

Ainda que assim o seja, a ordem escolhida tem um sentido. Pensamos que ela é capaz de aos poucos ir acrescentando complexidade e riqueza ao tema da visibilidade quando tratada sob um ângulo geográfico. O texto, sem ter sido previamente constituído com esse interesse, tem um componente que se aproxima da ideia de *navegar*, quando utilizamos essa palavra para falar de visualização de sites eletrônicos. Isso quer dizer que podemos percorrer o texto, olhar de forma mais acurada determinadas parcelas, voltar com o cursor, avançar para ver até onde vai, recuar, ler de novo, enfim, há uma possível liberdade de percurso. Como foi dito, essa liberdade não é absoluta; há um ordenamento primordial, apenas ele não é tão incondicional que os sentidos do texto só apareçam se a leitura for realizada segundo uma sequência estrita. Sem querer, talvez o texto tenha seguido aquilo que anunciamos como uma nova forma de visualização, com muito mais autonomia e criatividade, um novo regime de visibilidade. Esperemos que assim o seja e que o leitor sinta-se convidado a trabalhar com a leitura de forma mais interativa. Finalmente, nosso objetivo mais geral é dar maior visibilidade aos ainda pouco conhecidos predicados de um raciocínio geográfico. Acreditamos e ambicionamos que esse ingrediente esteja claramente presente em todas as parcelas deste livro.

Impresso no Brasil pelo
Sistema Cameron da Divisão Gráfica da
DISTRIBUIDORA RECORD DE SERVIÇOS DE IMPRENSA S.A.
Rua Argentina 171 – Rio de Janeiro, RJ – 20921-380 – Tel.: 2585-2000